朱飾風華

林芳朱的文化珠寶與故宮

[目　錄]

桃花春色胸針

富貴平安擺飾

自序

曾經在數百年前的宮廷寶藏，
在歲月中成為歷史，
而我就是那穿越時空宮廷珠寶的守護人，
悠遊於傳統歷史文化和工藝，
古意珠寶，摩登亮相。

西元1992年，朱飾元年，創立朱的寶飾。主修歷史，因喜愛鑽研古董文物，而踏上珠寶的設計之路，1997年，我的第一本書《瓔珞珠璣》古董首飾設計藝術專書。

菩薩身上的寶飾，化成珠寶創作的靈感。因有著美的設計與現代工藝，寓古意於新貌。

曾經是唐宋年代，穿戴於身上的寶飾，歷經千年融入尋常百姓家。時光荏苒，書中那一頁頁現代版的「瓔珞」，依然可以戴在你我身上，這就是最新潮的古典。

2008年，我與臺北故宮博物館雙品牌合作，成為故宮第一位品牌授權的博物館珠寶設計師，開啟了博物館珠寶之風。

那英〈一眼千年〉作詞者梁芒在歌詞上寫著：
「一眼千年，相隔千年宛如初見，
夢見你千萬遍，只想觸摸你五官。
一眼千年，沉默也勝萬語千言，
只有你有幸能描述這光陰似箭。」

　　千年的戰國雲龍、青銅饕餮、乾隆的「宜子孫」印、「魚遊春水瓶」、集瓊藻的「靈芝如意」、慈禧的指甲套、碧璽珮，件件變身為時尚珠寶，推動國寶戴上身，不是複製古物，而是再現國寶歷史傳奇。如果古文物有生命，它必有朱顏，世世代代不改，只因不同的人們而展現不同的風華，如果我熱愛文化寶飾設計的熱情不變，這赤心亦如朱顏，素質堅貞，只為呈現故宮博物院最深情、光采的一面。

不是我慧眼識英雄，
是寶物選擇了我，
穿越時空，再次融入新時代，
而這些歷史文化，
也許轉入了那個輪迴時代，
到了今天，依然繼續著這美麗的故事。
那些過往收藏的古物，
搖身一變，進入了藝術殿堂，
而我也在一件件的故物中，
看到了這世間的滄海桑田。

分享甘苦　傳承願景

　　2019年再次出書，記錄了我近30年，收藏古物，創業，國際拍賣，從故宮到羅浮宮的展演，也把我從結藝、串珠、金工、專利米珠工藝不同的「歷歷朱跡」作品，摘錄於書中。

　　感謝這次鼓勵幫忙我整理出書的多位好友，更希望此書能分享給喜歡我作品的人，及愛好文化歷史創意藝術的朋友。

珠寶與我的文化緣

陳夏生（中國結研發者　故宮博物院器物處編纂）

寶石的定義：美觀、耐用、稀有

民國七十三年（1984），故宮器物處珍玩科為籌畫七十五年（1986）的「清代服飾特展」時，由於展品上有些寶石無法確認，故宮遂派筆者去臺灣大學地質研究所進修黃春江教授所開的「寶石學」課程。談到寶石的定義，開宗明義設定在至少要合乎「美觀、耐用、稀有」三項基本條件。

文化內涵才是珠寶的生命

然而，人們對於美的欣賞和物的希罕度，往往會隨時間和地域等因素而改變；至於耐用，除了硬度，還牽涉到寶石的晶系、韌性等因素。若依此一定義規範，則故宮收藏的珠寶飾物，諸多似都未能列入寶石之林，然而它們的的確確是具有價值的珠寶文物；究其原因，它們是經過前人雙手處理過的飾物，具有特殊的裝飾藝術風格，包括製作技法的特色和文物形制的意涵等等；也就是說，當把珠寶材質製作成為飾物之時，已經注入了時代文化的內涵。因此

我認為，飾品文化內涵，才是一件有生命珠寶飾物不可或缺的重要元素。

結緣故宮文化珠寶

　　林芳朱女士邀我為她即將付梓的《朱飾風華：林芳朱的文化珠寶與故宮》一書寫點文字，她一再強調自己與珠寶裝飾藝術的結緣，最初是因受我研發的中國繩結—中國結的影響。而後她設計飾品的特色與形制，許多又與我策展的「清代服飾」和「吉祥如意」兩個特展中的展品有關；再加上於民國101年（2012）故宮與卡地亞（Cartier）將各自收藏的珠寶飾物，在故宮合辦「皇家風尚：清代宮廷與西方貴族珠寶特展」（Royal Style：Qing Dynasty and Western Court Jewellery）期間，林女士曾設計一批兼具清宮和西方皇家風格的珠寶飾物在故宮展售，當時筆者則由故宮配合這個展覽出版了《溯古話今談故宮珠寶》一書；由於這種種的因緣際會，便引發我靜心觀研林芳朱女士歷年來在珠寶飾物創作方面所付出的努力和成就。

中國結的延展作品

　　觀賞林女士早期的作品集《瓔珞珠璣》（1992～1996），發現林女士這個時期的珠寶飾物，都是利用各種線材直接或編綰中國結將各類珠寶串聯成佩掛的項飾；難能可貴的是她能充分掌握住中國結兼具縛綁的實用機能及輔助增添裝飾珠寶的效果。她這一階段的作品，應是屬於她個人完全自由的創作，並且是由她自己動手編

縮完成整件作品。因此在珠寶種類的愛好、線材質感和顏色搭配、以及形制造型各方面的選擇，都呈現出她在審美上的訓練和文化上的素養；也可以說藉由作品我們便可以讀出作者的心意和技術功力。

「以一顆自由的心開始，玩一種毫無設限的遊戲。」這是她的座右銘。除了使用線材編結的技巧，她也逐漸進入運用金工技法來拓展創作的空間；這從她「新古典」（1990～2009）作品集中的作品看來，利用金工鑲嵌完成珠寶設計的構想，已經取代了她以往的繩結設計創作方式；而且她也從寶石飾品的製作者，步入了更遼闊的珠寶設計領域。

「朱的寶飾」是林女士於二十世紀末創立並且打響了珠寶飾物的品牌；她並在2008年起與故宮進行雙品牌合作，成為故宮第一位品牌授權的設計師；也因此讓作品設計的主題出現了故宮藏品的特殊形制，例如朝珠、手串、如意等等。而且故宮書畫和銅瓷玉器藏品上的字畫和紋飾，也都成了她珠寶飾物創作裡的元素，然後再用現代金工技法來完成她融入古代文化養分的各種設計構思的飾品。

林芳朱女士在學生時代就開始採用不需設備和較少花費的繩結操練，來完成自己構思的飾物；個人以為這是她能夠擁有今天的成就，當時就已跨出正確而務實的第一步。繩結藝術類同書法，講究的是線條與結構之美，並培養心境的寧靜和思考的習慣與工作的耐力；現在她又有了家人和工作團隊的協助，相信必定前途無量。

最後個人謹以曾從事博物館工作和繩結的研發者身分，期望林女士或能有部分作品能跨越目前專注佩戴飾品的框限，繼續奔馳創作更璀璨的「朱的寶飾」，而讓「朱的寶藝」永傳於世。

古物之美與時尚之妙

楊小東（瀋陽故宮博物院　副院長）

　　2012年，我跟隨瀋陽故宮博物院「清末溥儀皇帝珠寶收藏以及清末婉容皇后大婚時所佩戴的文物」赴臺北故宮舉辦《皇家風尚—清代宮廷與西方貴族珠寶特展》的時候，巧遇林芳朱女士。當時得知早在二十多年前，她就開始在臺北故宮裡探索各類文物，以求得珠寶設計的靈感了，真叫我禁不住在心裡感歎：這是一位多麼聰慧的才女！

　　也許我們都曾經想過，如果沒有傳統，我們就看不清當下。如果沒有傳統，我們也不知道自己的過去與未來。如果沒有傳統，我們就分辨不清善惡美醜，什麼時尚，什麼藝術，什麼奢侈都無從談起。

　　如果心中沒有傳統，思想裡就會沒有敬畏，在這種時候，人會變得很愚昧，會不知所向。表現在行為上，就可能無所顧及，表現在工藝美術設計上就可能為所欲為而海闊天空。而林芳朱卻不同，她是有所顧及的，她是有所思想的，她是有所嚮往的。

　　在我們中國人的觀念裡，歷史是一面巨大的鏡子，對鏡以正衣冠，讀史以知興替。如果說讀史可以明辨是非，那麼讀物則可以明確

事理。在中國的歷史長河裡，在那些經歷了數千年的日久沉澱，數不清有多少歷代古人所留下的文物中，讓我們認識了自己，確認了自己的由來與存在，使我們自然而然接受了由祖先傳承下來的思想意識，確信帶有中華傳統文化色彩的精神寄託。那麼，帶著極深極深民族審美的造型，有著極濃極濃宮廷色彩的圖案一定會給珠寶設計以極佳極美的靈感。

我知道，無論是北京故宮，還是臺北故宮，或者是瀋陽故宮，分別收藏著數百萬計的、數十萬計的精美文物，件件藏品，材美工良。有講不盡的故事，說不完的歷史。無論這些故宮博物院的管理者如何努力用功，每年的文物展出量，也只占藏品總量的百分之零點幾，也就是說大部分文物仍難以為世人展示，更談不上仔細欣賞和認真琢磨啦。即使我在瀋陽故宮工作多年，與那些文物雖近在咫尺，卻也不能想見就見。

怎樣才能使人們充分瞭解自己的歷史，怎樣才能讓觀眾親身感悟到文物的文化、藝術價值，始終是博物館人所面臨的一大課題。

正像芳朱在自己的書中所說，「我特別鍾情於中國的古文化藝術，我的設計也不離這個思維範疇。三千年的沉澱，讓中國文化這個精神礦山變得無比璀璨和富饒，它是我取之不盡、用之不竭的靈感之源。」芳朱的藝術魅力正在於此：古董文物也可以變身為時尚飾品，這樣的奇思妙想竟然一經面世便引發了眾收藏愛好者的共鳴，也收穫了很多業內朋友的讚譽。她把古董文物靈魂之美帶到現代民眾之家，解了收藏愛好者之渴，還了現代時尚人的願，也在文物界人士眼前發出璀璨之光。

當年，在我眼前一亮的當屬那套「極致米珠」系列作品，因為這個創意正是來自臺北故宮珍藏的文物「銀鑲珠寶靈芝如意」，其中「米珠鳳凰」的造型靈感來自于貴妃的「夏朝冠」上的鳳凰。巧手芳朱將世界上最小的米粒珍珠設計製作出皇室珠寶的風範，帶有中國骨董珠寶的質感，藉著古風之韻，呈現時尚之趣。

　　我欣賞芳朱細緻入微的工作態度，她把中國傳統元素與她精湛的技法相傳承，美妙展現出來的是藝術的穿越。她對每一件設計作品都能做到融合傳統概念，挖掘最合理的現代工藝技術，從設計構思到選材加工，考慮了每一個最小的細節，她甚至仔細關注每一粒1毫米大小米珠的色澤和皮光。

　　可以想像，「極致米珠」系列作品之所以成為將臺北故宮典藏的皇室珠寶轉化成時尚珠寶配飾的典型樣板的真實原因。

　　而利用這個系列作品極為獨特複雜的工藝，竟然成功運用於更廣闊的寶石材料中，芳朱將清代皇室常用於祈天的青金石磨成最小，設計製作出「五蝴臨門」為代表的特色珠寶。我們不難確認，林芳朱的設計真正喚醒了古物的生機，傳承了民族文化，卻不是機械複製，的確完美表達出現代中華民族珠寶該有的模樣。

　　現在，芳朱有機會敞開心扉，毫無保留把自己多年積累下來的設計思想寫成文章，編在本書裡，能讓更多珠寶受好者透過她細膩的文字，感受她古代與現代藝術相融，產生精美絕倫的作品，帶給你的視覺與心靈享受。相信當讀者信手翻開本書，一定會大有收穫。那麼就請翻過此頁，快去感受來自芳朱靈感穿越帶來的美好吧。

富貴呈祥胸針

最新潮的古典 我的傳家寶

蘇一仲（企業家 收藏家）

英國社會人類學家泰勒（Edward Burnett Tylor，1832年10月2日～1917年1月2日）曾在著述中提及：「文化是某一社會的成員，所獲得的複合體驗，包括知識、藝術、信仰、道德、社會、風俗習慣等……」中國歷史源遠而流長，累積豐富多元的文化：遠至戰國時期的琉璃珠、唐代唐三彩、宋朝瓷器的冰裂之美、清朝后妃的點翠頭飾；它們都具體的承載了當時的社會環境、及該年代的文化符號。

這些在現代一般人眼裡僅是古董、古文物、觀賞典藏用。而我所熟識的珠寶設計師──芳朱女士，她卻喜歡鑽研古文物的內裡、藉由創新創意，召喚古物的靈魂，運用現代的工藝技術，成功的讓古物華麗轉身，變成另一種時尚珠寶，作品不僅有深深的文化底蘊，更有時尚的創意。這就是芳朱所獨創的「最新潮的古典」。

我接觸的文創相關人士中，芳朱是比較特殊的一位，當大家在講「文創」她卻獨創「文化珠寶」，並確實堅毅的行之多年；他的書中有這麼一段：「藉由故宮文物之美，引用其文化典故、寓意，透過創意，讓博物館的文化成為生活時尚，人們也因為接觸文化珠寶而認識故宮」，這就是她堅守的「文化珠寶」；如今她被譽為「華人界文化珠寶藝術家」，可謂當之無愧。

　　跟芳朱結識於我參與創會的「美生會」，美生會的口號「好酒好菜好所在、好朋好友好自在、美好人生人人愛、祥和社會自然來」。芳朱的創作品也都圍繞在吉祥美好的寓意；以「利他」為出發點的創意，共享共榮的美好，無怪乎作品獲得許多名人喜愛。

　　當我知道芳朱創業時僅有三坪大的空間，經過近三十年而發展至今日的企業局面，其堅持努力不懈的創業精神真是令人佩服；創業維艱，唯有堅持，才能成就事業，這也是企業經營必須要謹守的精神。

　　她的經典之作「宜子孫」，將典藏於故宮的乾隆皇帝印文「宜子孫」設計成項鍊，成功打響故宮文化珠寶；我甚至請她幫我特別訂製「宜子孫」，因為「宜子孫」除了是乾隆皇的印文之外，也是適合給子孫的傳家寶，這種文化珠寶的概念，使我收藏芳朱的作品，也為傳承了中華文化。

　　芳朱個性俠義，不起眼的珠子、角落的磁片、不規則的玉石都是她的珍愛，用珠寶演繹傳統文化，她是位奇女子！是獨具慧眼設計師，也是不可多得的珠寶藝術家。

　　本書圖文並茂，作品賞心悅目，從中輕鬆了解深奧的中華文化與設計創意，是寶飾珍品，也是少有的文化珠寶專書，值得細細品味書中精緻吸睛的創意，也值得珍藏其中的作品。

遇見・預見

黃尹青（珠寶文字工作者）

從事珠寶設計，有人是從寶石預見珠寶；林芳朱不是，她多數是從一件骨董物件預見它在今時的珠寶樣貌。

她主導了這些古董物件的前世今生。

一只日本明治年代的古董髮梳，成為鍊墜的一部分；一對清宮廷的指甲套，成為一條項鍊；一個明清時代的雕花鏤空盒，成為一個可以置入香料的鍊墜。

最初她用編結，那是手工藝的時代，我是在那時候認識她的。她就是用雙手慢慢去改變它們的命運和功能。多年後，她委請專業的師傅用西方珠寶的金工安置它們。後來繼續演進，她結合西方的金工和東方裝飾工藝去烘托它們。

古董物件遇到她，來到她手中，搖身成為珠寶。這樣一段歷程，林芳朱透露的心思是，她的最愛其實就是這些物件。獨賞太可惜，她希望大家能看到它們，所以改變它們的功能，讓它們可以隨身，跟著佩帶者到處走。這樣的想法和作法，彰顯了珠寶最可貴的意義，珠寶可以隨身，可以用來裝飾身體，還可以用來炫耀。炫耀富貴、炫耀品味、還有炫耀情感。

因為珍愛，所以為古董物件變身的最高原則是不可破壞，她始終保留著它們完整的形態。它們的故事，也成了一件珠寶最讓人容易發出「哇」這聲讚嘆的原因。不必為它們編故事，它們是自帶故事的珠寶，而且是穿越情節。

　　對物件懂得夠深，必然會看到他人未見的美好和可能。重要的是，喜歡，就會知道如何善待它們，不但懂得表現它們的最美，更擅長發掘它們的特殊性，成就的作品，往往讓人看了不禁在心裡鼓掌，且久久難忘。

　　古董物件多數是可遇不可求。她遇見來自過去的它們，預見它們的未來。它們能被像芳朱這樣的知者盡心對待，最終有令人讚嘆的呈現，若是有知，應該會覺得無比幸福吧！

鵲啼春曉鍊墜

實踐夢想・追求理想的藝術創作家 林芳朱

陳筱君（羲之堂總經理）

很開心終於迎來林芳朱新的作品集出版，並請我為她寫序。我可能不是最有資格的人，也不是以珠寶專業人士的身分為她做評介，但是我們有難得的因緣，讓我跨界和朱的寶飾合作共事過幾次展覽，也看到了她在每一個階段不同的歷練與成長。今天有機會以老友的身分，為她援筆作序，以表達衷心的期許與祝福。

不可諱言芳朱歷史系的背景，對她從事珠寶設計的創意發想有著源源不絕的素材，讓她可以更得心應手的挖掘作品背後的故事，並賦予作品更深刻的內涵與詮釋。她很清楚自己的優勢及競爭力，在於有深厚的文化底蘊可以轉化成為作品的元素，她在這方面始終別具手眼，匠心獨具。

現在的世代，個性化已成為一種主流。很多時候我喜歡佩戴芳朱的「古意珠寶」，她的中國風珠寶設計，加上一些時尚的元素，把老東西變成「最新潮的古典」極具特色。也由於我的工作領域是中國書畫，更能心領神會芳朱那種以傳統元素做為設計創作

來源的巧思。我儼然成為她的最佳代言人，參加一些聚會場合，常有朋友覺得驚豔：「妳戴的珠寶好特別，在哪裡買的，是誰的作品？」佩戴珠寶有的時候也是自己個人品味的象徵，連送禮也能從吉祥美好的寓意，凸顯出雋永的文化意涵。好物雖無聲，細品就可從用心的設計、精湛的工藝中體會。芳朱在引領文化珠寶的風潮上，是極具代表性的典範人物！

　　基於我們之間的合作情誼，更能夠近距離接觸看到芳朱最真實的一面。她給我的感覺是永遠有天馬行空充滿創意的點子，並從創作中產生活力的人。她的先生君烔則敏銳細膩擅用金工設計，在執行設計上，彼此有充分的互補性；縱使有意見相左的時候，對玩創意的人來說，這種碰撞衝突產生的火花，是磨合必經的過程。尤其值得一提的是，在金工技術層面的開發研究，已申請獨家專利的極致米珠工藝，堪稱為「朱的寶飾」最具文化創意產值的實踐成果。

　　走進芳朱的工作室，像是打開百寶箱一樣，觸目可見琳瑯滿目各異其趣的材質，其中有好多玉片、鑲嵌件、珠子、碧璽、珊瑚、翡翠、蜜蠟、琥珀等等，令人目不暇給。有時候設計就需要有一顆自由的心，才能夠獨具慧眼，從不同的材質之中找尋到靈感。芳朱與眾不同的創意，常常讓人有出人意表的驚喜！古意又摩登，展現設計師的獨具一格的珠寶創意，讓人有「獨一無二」尊貴的感覺！

　　芳朱是個追夢的人，從最初創業踏入專職設計師之門，「興趣也許是一門好生意！」發展到今天，理想抱負、工作熱情依舊滿滿，但是她的世界已經變得大不同了！芳朱是有前瞻性眼光的，從 2008 年與臺北故宮進行雙品牌合作，成為臺北故宮第一位品牌

授權的博物館珠寶設計師,這可以 是她生命中最重要的一個轉捩點,是機遇也是挑戰。在此一階段「朱的寶飾」也藉由故宮文物之美,引用其中的文化典故與寓意,透過創意落實故宮「Old is New」的文創價值,找到創新的表現方式,讓文化成為生活時尚。許多人都稱她為「博物館珠寶設計師」,可謂實至名歸。2018年6月欣見芳朱受邀在「法國羅浮宮」裝置藝術博物館展出,並獲得歐洲藝評專刊的報導,這是非常罕見的臺灣珠寶文化能在法國巴黎羅浮宮綻放光芒,我認為這就是她長期所建立的品牌價值。現在芳朱的珠寶設計作品常被當作對外文化交流的一張名片,她用作品來訴說故事,引領人們進入這迷人的中國歷史。

從故宮到羅浮宮,可以想見光榮的背後要承擔多少的付出和努力!看著芳朱一路追夢,追求理想,一步一腳印走出自己的一片天,相信和她作品一起成長的朋友們,看到她現階段的藝術成就,也會感到與有榮焉!機會是給準備好的人,對這麼不忘初心、有理想性而且不斷精進的人,成功是必然的結果!

2019年芳朱再次新書發表,是具有里程碑意義的。這本書記了她近30年的「歷歷朱跡」,也訴說著文化寶飾的前世今生。娓娓道來品牌的故事和經驗的傳承與分享,值得大家細細品讀。

意義,珠寶可以隨身,可以用來裝飾身體,還可以用來炫耀。炫耀富貴、炫耀品味、還有炫耀情感。

平安如意鍊墜

將東方的中國風珠寶帶入西方世界

李永然（專業律師）

　　本書作者林芳朱女士與我相識於臺北市美好人生協會（簡稱美生會）；「美生會」是由目前擔任和億生活集團執行長的蘇嬉螢女士等人所創立，並由其擔任創會會長，和泰興業蘇一仲董事長則為創會理事長，現今由我擔任第四屆理事長，在這個著重於分享與成長的美好園地裡，有著許多來自社會上各個領域有理想、有熱情的精英分子。我初次見到林芳朱女士便感到她氣質不凡、深具文化涵養，認識之後才了解她是一位知名的文化珠寶設計師，不僅擁有自己的品牌，也是故宮第一位品牌授權的博物館珠寶設計師，作品更登上「羅浮宮」展出，是非常優秀傑出的藝術家。然而工作如此忙碌的她對於美生會的各項活動，確仍十分支持且積極參與，後來她也加入了臺北市忠美扶輪社，熱心社會公益，就如同她所設計的珠寶一般，具有著真善美的人格特質。

　　林芳朱女士曾在1997年出版過第一本圖書《瓔珞珠璣：古董

首飾設計的藝術》，我對「瓔珞」一詞甚感熟悉，主要是佛教《大寶積經》中曾提及：「修福不修慧，大象披瓔珞；修慧不修福，羅漢應供薄。」「瓔珞」即為名貴的珠寶，是菩薩身上的寶飾，此書在於介紹古董首飾設計的藝術，將蘊涵古意的珠寶結合現代的工藝與設計，不僅可欣賞首飾設計之美，更藉此傳達出中華文化中「吉祥文化」，寓意著人生的幸福圓滿。

如今即將出版的《朱飾風華：林芳朱的文化珠寶與故宮》一書，則是林芳朱女士將其如何與文化寶飾結緣，走上珠寶設計之路，包括所接觸的第一塊玉、經營的第一家店及出版的第一本書；後來與故宮雙品牌合作，成為第一位與故宮合作的珠寶品牌設計師；再於2018年應「中國文物交流中心」之邀，以藝術創作家身分，至「羅浮宮」展演，將東方的中國風珠寶帶入了西方世界，驚豔了歐洲藝術界，這些豐富的人生經歷在本書中都有完整的介紹。

由於林芳朱女士主修歷史，對於古董文物的欣賞，她運用自己在史學方面的涵養而有其獨特的眼光，本書除了講述人生經歷外，更介紹了其許多創作理念，她堅持創意必須融合「藝術」與「文化」，因此從她的作品中可以感受到中華文化的傳承，歷史的軌跡的展現，「新舊交替」、「傳統與創新並存」。在欣賞過她參考藏傳佛教經典所設計的作品「故宮白玉十相自在鍊墜」後，更能感受到「宗教」與「藝術」結合的創意無限，將十相自在與和田白玉兩相融合，內含趨吉避凶、圓滿吉祥的寓意，著實令人感動不已。

林芳朱女士出版的《朱飾風華：文化珠寶設計師林芳朱與故

宮》一書，不僅讓讀者了解其創作的理念與根源，透過一件件美麗作品的呈現與解説，更讓人感受到其中的價值與美感。這些年來，世界各處都充斥著暴戾、貪婪之氣，林芳朱女士的設計結合了宗教、文化與藝術，就像一股清流，洗滌了人世間心靈的污穢，感謝她讓我有機會先睹為快，也能讓讀者們有機會接受美的洗禮。

　　閱讀林芳朱女士的新書，就像跟著她走進了藝術的殿堂，《朱飾風華：林芳朱的文化珠寶與故宮》我很榮幸為其寫序，也願所有讀者與我一樣，能深深感受其中的幸福圓滿。

作品：故宮真如意項墜

壹、緣起，源起

文化寶飾的前世今生

從尋根心靈，到藝術珍藏
從惜愛歷史，到傳承精神
穿越時空，樂意在塵封的故事中
發掘文化寶飾的精髓。
將「老的」、「新的」、「傳統」、「時尚」、
「古意」、「摩登」玩在一起。
與文化寶飾的機緣，前世不可考，
但今生從「芳朱」開始吧！

是美麗不是錯誤

　　說起我與珠寶的緣分，也許該感謝母親取了個「朱」字，朱與「朱寶」、「朱飾」都有關，因而我自覺比別人多了那麼一點對珠子飾物的情感。然而小時候，老師常說我的名字是少了「玉」部，為了此事，無限委屈的問母親，我的名字是不是「弄錯了」，當時的心境，就像是那個「玉」被「偷」了似的，然後我永遠記得，母親拍著我的頭，哄著我說：「朱朱，你的名字沒錯喔！那個『朱』，是代表著一種美麗的紅色。」

品牌 *Chullery* 的誕生

　　於是「朱」字成了「朱的寶飾」品牌的起源，除了珠寶外，我還喜歡各式各樣的珠飾、古物、生活珮飾，因此 朱的寶飾 因而誕生，英文的Chullery，也是我的Chu和Jewellery兩個字組成的。

　　我時常想，我們東方文化，天生就是詩人性格。單單我們的那些方塊字，就不只是作為溝通交流工具，而總像一個個隨身攜帶的藝術品，每一個字詞，總是蘊藏後勁，就像喝杯好純釀般，餘韻無窮。我的名字，芳朱，那個朱字是一種顏色的無盡聯想。

　　說到「朱」色，古人認為朱色是最純正的紅。皇帝御批用朱

砂，天子祭祀要穿朱色以示禮敬，北京故宮的宮牆，富貴人家都是以朱色為大門。因此「朱」在古時代表尊貴的色彩。另外朱色也代表相思豆的紅色，無限的情意，代表四靈之一南方「朱雀」的火色，也是朱色。

因此「朱」色是一種很東方，很宮廷的紅，這樣的紅，不搶眼，卻也不低調。是那種「吉祥」「喜氣」低調的奢華，給人溫暖、給人愛和未來，就像我的品牌 朱的寶飾 一樣。

珠寶貢品的守護人

曾經朋友介紹一個據說可以通曉人「前世今生」的大師給我認識，初次見面的大師望望我說，我的前世是一位宮中珠寶貢品的守護人！穿梭在眾多后妃娘娘們身邊，因此，那些古物，宮廷珠寶，對我而言，就是我前世的「玩物」，再熟悉不過了！

對於這樣的「故事」我不置可否，但望著滿室古物、髮釵、點翠、帽花、鼻煙壺、古董珠飾，這些收藏在我的悉心創意下，個個又都有了新的靈魂，我真的開心的覺得在歷史中找到了「最新潮的古典」，也像極了時空的穿越者。

小學四年級兒童節時，母親給我的兒童節禮物，不是玩具，不是文具，而是長長的金色珠串耳環，戴在自己的耳上，那種搖啊搖啊的「婉約」，彷彿進入了時光隧道。

1997年出的《瓔珞珠璣》古董首飾專書，也似乎「預言」了《延禧攻略》魏「瓔珞」的出現。

2008年，與臺北故宮雙品牌合作，把博物館「文化寶飾」從千年前的時光中，引領到現今，呈現新的時代容顏，「文化寶飾」

蔚為風潮。

　　我想我這種愛歲月，愛文物，愛設計的心，讓我這一投入文化珠寶的領域，就是近30年的歲月，誰說我不是穿越時光隧道，那珠寶貢品的守護人？

我的第一塊玉

萬物創始的初期，
天地玄黃，宇宙洪荒，
億萬年的風雲雷雨，
造就了山，造就了海，還有群山峻壑間的大河。
經歷千年萬年的滄海桑田，
一個淵源自喀喇崑崙山頂上的岩石，
墜入激流，一路歷經碰撞激盪迴旋與洗鍊，
磨平了崢嶸的稜角，圓融了原本銳利的鋒芒，
最終沉靜於平和的淺溪，
質樸、潔白、無垢，
美麗，一如新生。

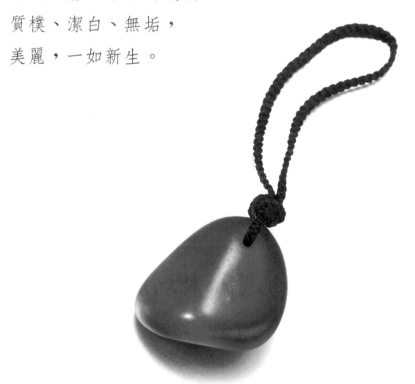

　　當人們在臺北故宮看著我的作品，他們肯定會認為，這些結合古典與時尚的藝術作品，應該出自有著深厚的家學淵源，或許是經過科班技藝淬鍊的工作者。辛苦耕耘與付出，那是創作必然的歷程，也是對生命負責的態度，我的創作理念與根源，主要是來自於對歷史及文化的興趣。

　　「自然」是上天賦予的美麗元素，就如同「文化」就是人類歷史發光發熱孕育的元素，而我內心某種的天賦，就要將這樣的兩種元素結合，試圖從作品中再現那樣的感動與價值。

　　作品的展現一直是我的「初心」，將對文物的悸動，用創意傳承，化作盛世文化珠寶作品，流傳於後。

與玉結緣

　　我最早的創作，應該是十九歲那年用繩結和玉石製作的一條頸鍊，但那只是尚在懵懂階段，將手中的美好用繩結串起的嘗試。

　　那時甚至不懂「玉」，不過這完全無礙於我被那純淨內斂光澤所吸引，至今猶記，手中握著溫潤石頭的真實感動。

　　時光荏苒，後來持續投入藝術創作，當我再次和「玉石」相遇，大約又過了十年，主力的創作領域是陶藝。

　　那時有一個收藏陶藝的老主顧，同時也是好朋友，他姓邱，經營一家茶藝館，有藝術氣息的他，也熱愛資訊交流談文論藝。感恩他的邀請，我有機會來到他位於臺北市東豐街的優雅茶藝館，認識許多學養兼備的前輩。

　　每周六下午的聚會，邀請對古玉鑽研有成的大師，對眾人解說有關玉的質地、形制、以及如何欣賞一塊玉石等諸多學問。從那時起，開始我的玉石迷情之路。

　　為那些收藏所吸引，更被古玩背後的歷史意義震撼，於是我開始努力的在各懷古市場尋找歷史故事，穿越時空的隔閡與古物交談，與別人眼中老掉牙的古物、玉釦、花片、老銀飾相遇，也孕育我設計珠寶工作的初始。

　　在收藏珠飾古董與設計時，不斷尋找相關的資訊，故宮是我常常拜訪的地方。第一次的個展在一家古董文物藝廊舉辦，我的作品引起許多收藏家的興趣，他們從來沒想到古玩也可以成為時尚的飾品。這樣的興趣與收藏，就像雪球一樣愈滾愈大，有愈來愈多的人與我的作品產生共鳴，我也和顧客成為好朋友，總有聊不完的「歷史故事」。

有靈魂的石頭

在這些專業級鑑賞家眼中所看到的玉石，跟我這初學者內心對玉石感動全然不同。當大家專注在玉石的品鑑，與收藏價值等玩物品味思維，我卻想著，這質樸無華的玉，如此的美麗，不該隱身收藏家深宮大院，如果可能，我好想把這麼美好的元素，透過與歷史文化的結合，展現出另一種形式的美，並落實在生活的韻律裡。

石頭有了靈魂就成了玉。我的第一塊玉，這美麗的靈魂就是來自崑崙山深處，經過了幾千年翻滾，沒有任何雕刻，赤裸裸，自然溫潤的和田籽兒玉原石。

而這件籽兒玉原石，我只是簡單的在上頭打了個中國結藝，就這樣，它成為我史上第一件玉石的創作品，一路陪伴著我日夜不離，被我撫摸著，撥動了我初期結藝和玉石創作的情弦。

在後來的創作作品中，我一直保留著這樣的概念：結合不同的中國藝術元素，持續設計不同做法，但同樣尊重自然的原創。那樣的作品，講究的不是層層堆疊的妝點，呈現的都是最簡單的原始美感，也同時展現了我的「初心」，把來自多年前內心的感動，用創意傳承，化身為生命中源源不絕的作品。

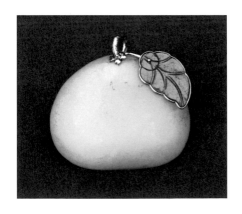

039

我的第一家店

芳朱獻寶，實是求飾
女媧煉石，芳朱煉心
築夢，需要歲月和智慧
獻寶，卻要有不退熱情

仕女圖鼻煙壺

　　在還未成為專職設計師前，我就是一個喜歡自己動手DIY的人。在學生時代就常為設計作品廢寢忘食，甚至翹課。這分強烈的

熱情，是我成為專職設計師的動力之一。另外一個原因，是常常有人詢問我佩戴的首飾，這啟發了我——「我的興趣也許是一門好生意！」可以使自己的興趣成為工作，是人生可遇不可求的幸福。於是我決定把我的設計分享給同好，成為專業的設計師。

為理想而創業

沒有積蓄，也可以結婚。
沒有積蓄，也可以雙雙辭去工作，
只因為想做自己生活的主人。

1992年，我和先生一起創業，只為了想做自己生活的主人。

與其說是一家店，不如說是一間工作室。從一張桌子，一盞燈；二根柱子，三坪大的空間開始。

「麻雀雖小，五臟俱全」我的工作室收藏了各式各樣的小古物和珠飾，朋友總說我的工作室人氣旺盛，那是因為人們都有挖寶的天性，愛美的，嗜雅的，戀古的，尋趣的，各取所需，各擁其寶。

尤其工作室的兩根「柱子」，是我的盈收「招牌」，我把自己DIY的手工耳環，一個個都「栓」掛在這兩根柱子，旁邊放了鏡子，就這樣，朋友一來，第一個動作就是在鏡子前，把柱子的耳環拿來試戴，這些珠飾、耳環如此的「親近」，很快的，這兩根「支柱」也成了我每個月繳房租的支柱。

行俠仗義，拯救古物

我收藏各式各樣的中國古董，像是髮簪、釦子、鼻煙壺，或是玉器。我總覺得這些東西放在盒子裡似乎少了些什麼，於是我決定「行俠仗義」來「拯救」這些古董，我認為好的設計可以賦予這些古董新的生命，而我的工作就是喚醒它們，讓古董展現煥然一新的面貌。後來收藏愈來愈多樣，帽頂、瓷器、掛飾等等。由點到線再組成面，我開始玩起變化多端的材質遊戲。我發現任何材料都可以成為我的作品，而任何寶飾都可以成為生活藝術的一部分。一顆「自由的心」，讓我的創作「打破規則」、「無界限」。

我的朋友經常說：「你戴的珠寶好特別，每個人都問我哪裡買的？」而不是問我「這件作品值多少錢？」我覺得我的作品是「有錢不一定買的到」，所有作品都是獨一無二的，能讓顧客凸顯出個人的品味與文化，這也讓我與每一個顧客朋友有著很深的情誼。

開創華人中國風珠寶

一個工作室的經營，
需要許多常在其中留連忘返的愛好者，
那分知心知情，
使它的生命有了延續的生機。

我是個性明朗，直接，點子多，在不間斷的創作中產生活力的人。我先生則是靜逸，敏銳，細膩，追求精確與完美的人。

　　過去做陶藝，我只會拉坯，他只會修坯，現在，他擅用金工設計墜子，我負責鍊飾的設計。

　　我們之間有相異的互補性，當然也有相異的衝突，每當我想到創意的點子，就會詢問他執行的步驟，有時候一聽他的想法，又覺得有實際的難處，我的不苟同臉色，也會惹毛他。

　　他就會說：「豬腦！」遂拂袖而去。

　　我暗想：「我是屬鼠的呀！」

　　在既和諧又爭執中，我們也牽手走過創業近30年的悲歡年華。我總是能奇開異想的迸出充滿顛覆性的點子，例如：我會以虎頭帽飾、鼻煙壺、帶扣作為鍊墜，甚至連一個破裂的瓷器，都被我的胡思轉變成一條項鍊。

　　我的這些「舊飾新歡」「古意珠寶」最新潮的古典創意，在現今看，也許不新鮮，在當時卻是開創了華人中國風珠寶的開始。

我的第一本書《瓔珞珠璣》

金彩鳳　玲瓏翡翠

繡蟠龍　瓔珞珠璣

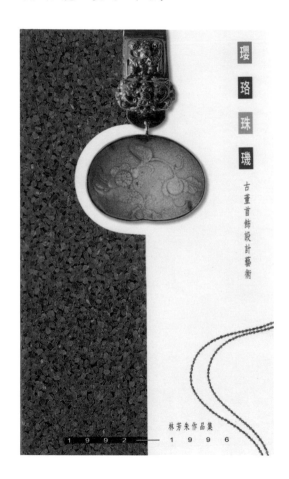

菩薩身上的瓔珞

　　所謂「瓔珞」，其詞是來自佛祖的國度，在古時候，人們稱呼菩薩身上戴的寶飾，就叫做瓔珞；除此之外，瓔珞還有美玉及一

連串掛於頸、頭、胸前寶飾的意思，那是代表著風華絕代，以及澈灝的智慧氣度，超越人間境界的絕美。

瓔珞一詞，在1997年於我的第一本書——《瓔珞珠璣》中出現，無獨有偶，最夯清宮劇《延禧攻略》的主人翁也是「瓔珞」。菩薩身上的寶飾，化成珠寶創作的靈感。因有著美麗的設計概念與現代工藝，希望寓古意於新貌。曾經是唐宋年代，穿戴於身上的寶飾，歷經千年融入尋常百姓家。時光荏苒，書中那一頁頁現代版的「瓔珞」，依然可以戴在你我身上，這就是最新潮的古典。

結愛務深

唐朝詩人孟郊的〈結愛〉一詩有云：「心心復心心，結愛務在深，坐結行亦結，結盡百年月。」

編結珮飾古來情深。寫下我與瓔珞珠璣最初的「結」緣。

我在大學時代偶然買了一本由漢聲出版，陳夏生老師所著的《中國結藝》一書。用「線」完成一件飾品真是不可思議，我開始自己創作，可以完全靠自己獨力完成作品，讓我非常有成就感。我驚訝於「線」的千變萬化，以及它所能呈現的各種效果，這樣活潑有趣的藝術讓我非常著迷，也決定花更多心力研究。當時深深為這傳統的中國工藝著迷，也從未想過這個流傳歷史的工藝美術、裝飾，竟會是我初期走入文化寶飾設計的重要元素。

一結天下緣，再結前世今生

在《瓔珞珠璣》一書中，中國結應用的不多，「結」在我初

期的創作中，其意義大於「工藝」。

　　《說文解字》云：「結，締也。」又云：「締，結不解也。」至於結而可解者，則稱之「紐」。事實上，凡繩結沒有不可解的，唯有剪不斷，糾纏紛亂的心結，才會有解不開的「結」。

　　我的書中，鈕釦結是結中之結，是一個陰陽的概念，結中有解，解中有結，就是我一「結」走天下的「結」，《辭海》說：「兩線相連謂之結。」鈕釦是我很喜歡收藏的「小古物」，在早期，的確純然因為喜歡而收藏，但逐漸的，彷彿鈕釦裡的靈魂想要透過我的手來與世人交流。

　　既然是連結的結，就讓其「功能」大大發揮一下。於是一個鈕釦結就可以做出許多作品，而這些作品，是與人之間連結橋梁。對於我而言，用心把一個作品，透過「結」的意象，與人相繫，何嘗不是一種前世牽成的緣分？

白玉老瑪瑙項鍊

景泰藍老松香蜜蠟項鍊

用顏色訴說我要傳達的感覺

除了結藝，顏色是我作品表達的重點。

我選擇的線，不是市場大紅大綠的豔麗顏色，我想傳達的是一種沉穩、舒緩優雅和諧的復古的美感。

例如紅色，就要真的蘊含古意，我會特別針對不同作品一一去找出最適合的紅，或者綠色，也要有深淺不同的深綠、淺綠、橄欖綠，就因為這些顏色能表達出歲月感，因此我的線都是特別請師傅訂製的。

我特別喜歡用不同的絲線以「纏繞」的手法表現顏色的層次變化，輔以中國風的手工設計概念。這個概念看似簡單，但實際上當時市場卻是非常新穎。

《瓔珞珠璣》書中古物、玉片、鑲嵌件，加上中國結藝，一時中國風珠寶蔚為風潮，直至現在，成為華人圈中珠寶的一大特色。

以一顆自由的心，玩一種不設限的遊戲

　　我認為任何材質都可以化成首飾珠寶，任何珠寶首飾都可以成為生活藝術的一部分。因此極具創意的材質運用與製作技巧，是作品很大的特色。我無時無刻都在尋找創作的靈感，而各異其趣的材質，便是啟發我創作靈感的來源。

　　因此，詩人兼畫家的席慕蓉女士說：「這位藝術家擁有一雙與眾不同的慧眼，能夠看到那深藏在許多不同材質之中的呼應與關聯，才能設計出我們想像不到的搭配，一如超現實主義所讚嘆的那樣──在出人意表的邂逅裡，得到前所未有的狂喜。」

　　鼻煙壺可以變成香包，琥珀煙斗可以成為頸鍊的最佳女主角，鎏金帶扣更是頸畔風情時髦的玩意兒。

　　2009年，大陸新華日報曾刊登一篇「臺灣朱寶」，形容我就像張藝謀導演的中華文化大戰，中國元素在我手上被詩意的解構與重組，東方情調在作品中被華麗的張揚和突出。古代文人的書房清供、貴婦宮娥的步搖紈扇、朝堂高廟的玉璽如意、香閨紅樓的粉妝盒，都是我手中的元器件。

　　《瓔珞珠璣》此書可以說是我初期創作的代表，我突破傳統的首飾窠臼，重新塑造東方美，或許更像是再度「連結」古老時代曾有的美。

古董鎏金帶扣項鍊

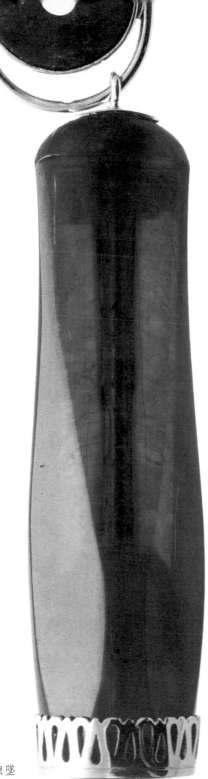

琥珀煙斗鍊墜

瓔珞珠璣 串成的吉祥美好

珠玉是嘉年華
不是因為相互映照的擁有
而是你終於相信
你靈魂深處的堅持
是治療一切的湯藥

許多朋友問我為何以瓔珞為書名，瓔珞其實是菩薩身上的飾品，而各式各樣的珠子，是組成瓔珞重要的材料，各種珠子的炫麗、樸實、圓渾、方念，都令我深深的著迷，所以我將它立為書名，抱著它入睡，思著它迷情。

珠子是最早的藝術品，在莊嚴佛像上，人們無不傾注所能，傾全力將最好的、最美的、最稀有、最珍貴的珠子，掛在佛菩薩的身上，所以「珠子」的創意及歷史文化，亦是古典之最。

現代珠子和古代珠串，除了工藝上的差異外，其代表的意義也有不同。現代人主要是以裝飾、收藏為目的。在遙遠的年代，珠子除了被當成身分的象徵外，甚至是代替貨幣貿易，是古代經濟發展的金融商品之一，更甚者，有些珠子是祭天不可或缺的物品。

珠的吉祥美好

出了《瓔珞珠璣》這本書後，更對各式各樣的「珠子」迷戀。1996～1998年，這是我創作另一階段的重要時期——串珠、玩珠。

現代人何其有幸，可以將這些珠子配戴在自己身上，想像一

> **珠子的興味**
>
> 「珠子可以和其他飾物配合使用，使得珠寶動感十足。」
>
> 珠子最令人著迷的是「自由」，材質眾多，取材自由，款式可以任意創作，可以玩一場不設限的作品遊戲。
>
> 珠子的美感，可透過藝術家的創作，再次的被創造。
>
> 珠子的哲學：新舊皆可表現，那些醜的、不完美的珠子，其最大功能是襯托漂亮的珠子。

下自己擁有多少財富？因為過去，珠子即是財富的象徵；至於人為什麼會有戴珠子的習慣呢？一些心理學家探究，珠飾能夠讓人的眼睛視覺有一種安全的感覺。而大多數珠子在串成項鍊時，多半以圓形為主，古老的珠子通常是圓柱形、圓桶形、扁圓形，主要是因技術及取材的質料限制，當技術成熟時，能磨出均勻圓球形，圓珠成了最受歡迎，持續千年的製珠法。

所謂「珠圓玉潤」在現今這麼複雜的社會裡，將簡單、圓滿的幾個珠子串連成鐲或成鍊時，更顯出它的親切。無怪乎，短短的這幾年裡，各式的手珠、珠飾、唸串，甚至於天珠，會如此之流行，蔚為風潮。

《珠子的歷史》（The History of Beads）一書提到，「珠子在所有歷史文化中，其實是占了相當的角色，因為它一直被視為個人財產看待，由於它方便攜帶和首飾屬性，這些都使珠子攜帶大量的文化信息。」

烽火琉璃——戰國珠

在眾多我收藏的珠子中，其中最珍貴就是烽火琉璃——戰國珠。戰國琉璃珠特別有它的歷史意義，珠的表面上有許多藍點的圓點和白點，有人叫它「魚目紋」，也有人說是「蜻蜓眼」。

我們所謂的「蜻蜓眼」，其實跟埃及的「Evil eyes」，就是「辟邪的眼睛」，它的意思是一樣的，是一種護身符。當時最有名的是湖北曾侯乙墓出的最多，相傳是舶來品，也有另一種說法是我們自己燒製的。

從中國歷史而言，如果講到珠子，這個算是最特別的，因為數量非常少，所以現在很珍貴。在幾年前，很幸運也收集到一批，這個把它用不規則的形式穿起來，特別有它的一個兆頭，我拿到美國舊金山博物館的時候，館長看得都嚇了一大跳，他說我們所有看到的珠子都是在博物館裡，只有一兩顆，你怎麼有好幾條成串的戰國琉璃珠項鍊？！我想，這大概是我的名字叫「芳朱」吧，我跟珠子特別有緣分。

戰國 琉璃珠（註）

作品：戰國琉璃珠局部

帶著琥珀，趨吉避凶，更讓你擁有過人的虎魄

在中國古代，琥珀又稱為虎魄，意味「虎的精魄沉於地下，幻化結成的寶石」，是當時人們心中珍貴的寶物，有著趨吉避凶的功能。

老松香蜜蠟好像是潤橘、
鮮紅的柿子在甕中，
壓封一段時日後，
青春潮潤的紅澤，
換得暗藏年歲底層的繚繞香氣與回甘。

五顆不規則狀的老松香蜜蠟聚集在一起，像極了甘甜的柿子。

我喜歡它「不規則」，就像我不設限的設計風格，經過歲月的洗禮所煥發出的光澤，就像「不完美」才是完美的人生一般。

這古老的香淳，就像從傳統出發的歷史文物，在經過創意設計後，來到我們身邊，是一種永不褪色的流行，愈老愈淳，愈久愈香，值得收藏回味。

老蜜蠟項鍊

貳、臺北故宮的文化珠寶

作品：故宮 九九如意項鍊

故宮新藝　文化珠寶

藝歷天下

以國寶級文物為題

建構博物館級珠寶系列

各色寶飾文物爭輝

著眼東方時尚

重新詮釋

丰采迷人的歷史篇章

跟故宮合作的緣由──捨我其誰

　　美國甘迺迪總統的一句名言:「我不問為什麼(why?),而問為什麼不?(why not?)」是我和臺北故宮c合作的重要緣由。

　　臺北故宮博物院,是世界文化的寶庫。故宮的文化具有悠久的歷史淵源,無論在銅器、玉石、器物的裝飾藝術、水墨繪畫、織品,都早已孕育出豐富的文化底蘊,唯有在珠寶首飾這塊園地上,從古至今,似乎少了一筆。

　　因此藉由故宮文物之美,引用其中的文化典故、寓意,透過創意,讓博物館的文化,成為生活時尚。於是人們因接觸文化珠寶而認識故宮!

饕餮與清明上河約會,
青花與快雪時晴共舞!

作品:故宮 青銅年代項鍊

宋・張擇端《清明上河圖 卷》(局部)(註)

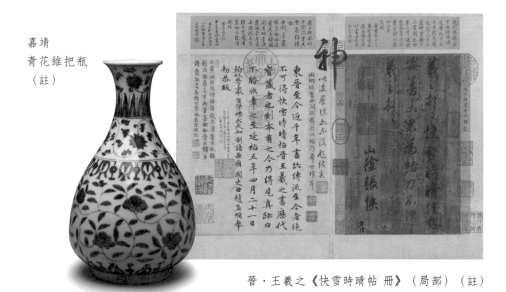

嘉靖
青花錐把瓶
（註）

晉·王羲之《快雪時晴帖 冊》（局部）（註）

　　五千年的文物之美，不能只是在博物院深藏著，真正的文化之美，在不同的時空中，仍能被人欣賞讚嘆。所以我與故宮雙品牌的合作，是「捨我其誰」。

　　當許多人欲摒棄傳統的包袱，「朱的寶飾」卻在其中找到創新的表現方式。創意的核心文化價值──「最新潮的古典」，與故宮「Old is New」的文創價值不謀而合。

2008 年正式與故宮合作

　　因此，「朱的寶飾」於2008年開始正式的與故宮雙品牌合作，是第一位與故宮合作的珠寶品牌設計師。

　　也有許多人稱我是「博物館珠寶設計師」。

　　事實證明，「朱的寶飾」於27年前，已領導潮流，領先落實故宮「Old is New」的理念於珠寶飾品的文化創意產業推廣上。

　　故宮文化珠寶，也是我們的歷史使命。

傳家寶——乾隆的宜子孫

　　臺北故宮博物院典藏的古代書畫精品，有許多清乾隆皇帝的珍藏，而其中「宜子孫」印文，更是印文當中極有特色的一個。

　　乾隆皇帝是歷代皇帝中，最喜歡在書畫蓋章的一個皇帝。當他蓋上「宜子孫」的印文時，表示所蓋的書畫是「上選」之品，適合留給子孫的「傳家寶」。

　　因此「宜子孫」這三字，代表了「傳家寶」。我以此為創意藍本，將乾隆印文的篆體文字融入到珠寶設計中，在增添生活情趣的同時，也同時體現了其中的文化深度。

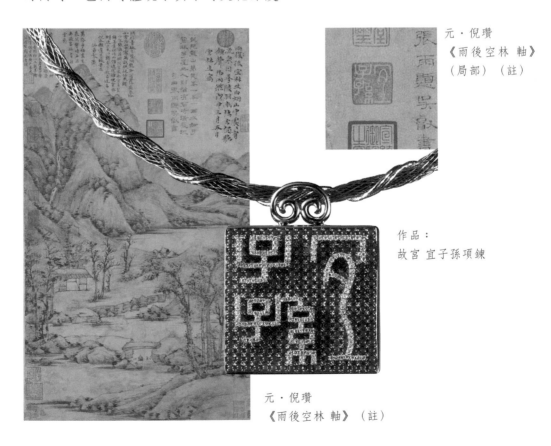

元・倪瓚
《雨後空林 軸》
（局部）（註）

作品：
故宮 宜子孫項鍊

元・倪瓚
《雨後空林 軸》（註）

朱的寶飾網站首頁

臺灣最佳文創珠寶典範

「宜子孫」象徵著傳承之意，我用的是一個很特殊的「米珠鑲工」特殊技術，將臺灣特色的朱色珊瑚磨成1mm細珠，把它鋪成一個底，看起來像印泥的顏色，那上面的文字，用了非常貴氣的爪鑲鑽石刻畫，把乾隆的「宜子孫」，完美呈現。

這是一項創新的嘗試，古物結合「傳家寶」的文化意涵，中國的文字之美、創新專利技術的「米珠工藝」，既古典又時尚，重現國寶文物新風貌。

故宮「宜子孫」項鍊，不但融入中國文字之美，更將生活情趣，文化修養都勾勒出來。讓故宮文物之美展現於生活時尚中，這件作品也收錄於「文化創意產業理論與實務」一書中，作者稱「宜子孫」為代表臺灣的最佳文創珠寶典範。

宜子孫與開放銀聯卡

2009年，首度開放兩岸觀光，大陸安麗參訪團抵臺，第一站即是臺北故宮博物院。當時一名陸客欲購買「宜子孫」給妻子，卻無法使用銀聯卡消費，第二天此事登上媒體頭條新聞，「宜子孫」項鍊同時刊登在頭版。

報上刊登內容：臺灣因為無法使用銀聯卡，損失了莫大商機。二個月以後，銀聯卡就在臺灣正式啟用。這「宜子孫」或許有一些功勞吧！

萬事如意，不求人——如意

　　臺北故宮「集瓊藻」中，有一件我認為最具貴氣的「漂亮寶貝」，那就是「銀鑲珠寶靈芝如意」這件如意。

　　每當我翻閱故宮文物書籍，腦海中總出現這只「漂亮寶貝」，令我難以忘懷，於是我決定創作設計，要讓世人看見它的美，並讓大家認識隱藏在它身後的文化意涵。

　　人生之苦十之八、九，卻是迂迴的以「不如意」來指出人生無法掌握的變數，以及面對人生之苦，對於「如意」的希望。

　　如意原是作為搔癢之用名為「不求人」的器物，經過千年的歷史演變，這種工具漸超越了實用功能，而成為珍貴吉祥之物。

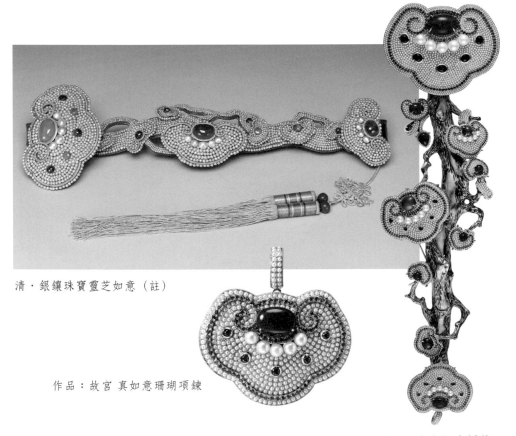

清‧銀鑲珠寶靈芝如意（註）

作品：故宮 真如意珊瑚項鍊

作品：九九如意擺飾

盛世王朝的如意

　　唐代時期，如意身價倍增，成為帝王將相手中之物，名為「握君」或「談柄」，日常生活談話及歌詠、比畫、與擊節的話柄，君王賞賜臣子的禮物，用它來達成心靈上的安寧和滿足。

　　到了明清，如意成了承載祈福等美好願望的貴重禮品。清宮婚慶，如意是不可缺少的重要物件，皇帝立后選妃時，若將如意交入一人手中，即意味此人將成皇后；皇帝嫁女，嫁粧也少不了如意。互贈金銀如意，示諸事順心如意。

　　對我而言，設計如意是喚醒這些封塵已久的動人歷史篇章，如意一直是我最經典的系列創作，歷朝歷代的不同形制，總激發我無限的靈感，對我而言，如意概念為：「人有人意，己有己意，能不求人，諸事如意。」是一種自我實現的禪意哲學。

作品：故宮 開心如意項鍊

回頭即如意

　　最早的如意，就是純粹作為抓背搔癢的工具，前端做成人的手指樣子，再加上一根長棍，可以隨時隨地的抓背搔癢。

　　後來，人們漸漸發現，這個大爪子拿著出門有點不雅，於是做了些調整，變成了兼具實用與觀賞性的藝術品，甚至連前端彎曲的形狀，也被賦予了「回頭即如意」的高深含意。

如意的禪意

自我實現的禪意哲學，其意涵——「心想事成」、「凡如意必有寓意，凡寓意必有吉祥」，在中國文化中，一向是最聚人氣的品物。

以故宮珍藏的國寶「靈芝如意」作啟發，用一毫米米粒珍珠，四爪鑲嵌立體設計方式，在每個如意的中間鑲入紅寶、藍寶、翡翠。現代微鑲技術，及中國傳統鑲爪技巧的結合，為心愛者獻上誠摯的祝福，讓國寶文物再次活躍，與故宮合作的創意，更豐富了我對於如意的研究，也展現出摩登而時尚的如意珠寶系列創作。

如意相隨胸針

寶如意翡翠鍊墜

作品：故宮 九九如意項鍊

九九如意　如意久久

　　2009年，我以故宮博物院國寶文物「銀鑲珍珠寶靈芝如意」為靈感來源，所設計的「九九如意項鍊」，在作品送審階段，讓評委們都十分驚豔，同時也懷疑這麼高單價的作品能銷售得了嗎？在當時，很多人認為文創的作品價格應落在幾百元，上萬元就已經是極限了，但此單一件作品上市不久便蒙收藏，創下單筆最高銷售金額紀錄，當然，後續在故宮禮品部，也曾挑戰新臺幣壹百多萬元的單筆銷售！

故宮 魚遊春水

　　「魚遊春水瓶」是臺北故宮很重要的典藏作品，在2014年曾到東京國立博物館展覽。它是一個清乾隆時期的「洋彩」瓶，所謂「洋彩」是指摹仿西洋繪畫技巧描繪的琺瑯彩瓷。由乾隆年間，督陶官（官名，專門負責監督御用瓷器的生產）唐英（1682～1756）親自前往江西景德鎮監造的御用瓷器。

　　唐英開創「錦上添花」剔刻技法，在剔劃或彩繪的錦地空隙處添加花紋，無論主紋飾或局部邊飾皆使用頻繁，將洋彩的華貴絢麗臻於極致。

　　「洋彩」一詞也是唐英首創，唐英大膽運用西洋繪畫與錦上添花技法，設計出鏤空轉旋瓶，將瓷胎洋彩技藝發揮極致，堪稱乾隆盛世的代表藝術！

清・乾隆八年
磁胎洋彩青地
金花魚遊春水瓶
（註）

作品：故宮 魚遊春水鍊墜

清‧乾隆 洋彩青地金花
魚遊春水瓶（局部）（註）

魚遊春水的創意

　　它那隻魚翻來翻去游動的感覺，給我一個很好的靈感。既然陶瓷裡，可以把魚轉動的感覺做出來，那為什麼不可以把這樣的感覺設計到我們珠寶，戴在身上呢？

　　因此，此款鍊墜外圍，以K金雕塑窗櫺造形，居中點綴潤透翡翠，春日的嬌嫩與生命力躍然欲出，主角金魚則用漸層色珊瑚打磨成1mm珠粒，以專利極致米珠工藝鑲嵌，在光影明暗概念下布局不同色調珊瑚米珠，金魚彷若有了生命般怡然戲於春水中，好似一幅春日美景，躍然於眼前。

故宮 青銅年代

　　青銅器在歷史的文物中，占了一個非常重要的角色。我喜歡它的原因，是它的圖騰有特殊的陽剛之氣，這些線條是先人工藝瑰寶，震古爍今。從這些紋飾延伸而來的珠寶設計，透露出對那遙遠年代的想像和探索。

　　「饕餮」的獸面紋，在古時候是把它當作一個護身符，這個圖騰刻在器具、食皿上，希望借助「饕餮」凶猛強大的力量，阻擋其他猛獸的吞噬，因此「饕餮」本來貪吃的形象，就變成了一種趣

作品：故宮 青銅年代白玉鍊墜

嵌金銀獸面紋貫耳壺（註）

青銅年代翡翠項鍊

吉避凶的神獸，用來抵擋不好的事物，讓美好進入心中。這樣帥氣的紋飾，不僅女生可以佩戴，更適合男士佩戴。

　　運用這些深具寓意的紋飾，讓大家知道商周時候的圖紋有多美，同時認識遠古的文化，記錄時代的容顏，是「朱的寶飾」的使命。

哲理深奧的背雲

　　史上從未有一個飾品，蘊含如此豐富的哲學思想；朝珠中的背雲，乍看之下，也許不是太醒目，深入其內裡，才赫然驚覺，背雲原來是一個深具智慧的佩戴飾品。

　　滿清貴族禮制，官員上朝、穿朝服、頭戴花翎、配朝珠，文官五品以上武官四品以上及命婦才可佩戴朝珠，皇帝也將朝珠賞賜給屬下。

　　朝珠即是源自於藏傳佛教的佛珠。乾隆29年「欽定大清會典」甚至明訂朝珠的製作佩戴規範，以示鄭重。

清・嘉慶 東珠朝珠（註）

珠翠蓮花 108 顆念珠

朝珠

　　朝珠共108顆，圓渾飽滿珠子包含：東珠、青金石、翡翠、珊瑚、琥珀等高檔珠寶，每27顆穿入一粒大珠子，共4顆稱分珠，寓意春夏秋冬四季。

　　其中一顆大分珠掛在脖子後面，與結珠相連的叫佛頭塔，由佛頭塔穿出黃緞帶，中穿背雲，末端墜一葫蘆形墜角──佛嘴；朝珠兩旁附小珠三串，叫做記捻。

　　結構上看來，背雲和佛嘴是垂於背後的。

　　背雲的質材都精挑細選，玉石翡翠之外，也有金屬嵌鑲寶石；朝珠為何會有背雲在後面？其實深藏著祖先的智慧風範。

背雲的哲理

平衡力道作用：一整串朝珠肯定有一定的分量，為了減少頸項的負擔，前後平衡，固定不滑動。

陰陽協同：《易經》云：「背為陽，胸是陰。」背雲掛在背，集陽氣於後，象徵一元復始，萬象更新。在古代先哲眼中，萬事萬物都存在著陰陽，大自然因為陰陽而生生不息。

《易經》之〈說卦傳〉：「昔者聖人之作易也，將以順生命之理，立天之道，曰陽曰陰，立地之道，曰柔曰剛，立人之道，曰仁曰義。」背雲的陰陽理論，乃提醒上位者，以仁治國，以義興邦。

吉祥的意義，背雲的形狀或是雕刻，皆是寓意吉祥的圖，像是吉雲圖，吉雲即是吉運；又如龜狀代表健康長壽；琥珀則能驅邪避凶。

作品：雲龍蜜蠟胸針鍊墜兩用

作品：故宮 運開新境 背雲胸針

清·嘉慶 東珠朝珠（局部）（註）

皇帝的背雲　你的吉運

　　了解「背雲」的哲理和吉祥寓意後，再度喚起我為古物尋找新靈魂的意識，不斷思考如何將她的哲理運用在我的作品中。

　　就「一元復始、萬象更新」吧，由這個創意概念出發：讓穿戴者，秉持仁義、懷抱吉祥、讓吉運自然生生不息。

　　紅色的米珠珊瑚為底，鏤空雕刻吉雲的圖案，中間的白玉，既是太陽又是陰陽的陽氣，帶在身上，陽氣魅力冠蓋群英。

慈禧的珠寶祕事

　　慈禧太后，滿清葉赫那拉氏（1835年～1908年），十七歲透過選秀進宮，成為咸豐皇帝妃嬪，二十六歲後開始掌權長達近半世紀。慈禧太后接受傳統禮教，工於繪畫書法，同時願意接受新潮思想；她享受權勢之外，花非常多時間在追求「美麗」，她的至理名言：「一個女人如果沒有心腸好好打扮自己，那還活個什麼勁兒？」她本人對這句話，可是身體力行的，絕非說說而已。

　　她追求「美」，內外兼具，內在飲食講究養生、也講究養氣，外在對珠寶簡直到了狂熱的地步。

　　傳聞她有3000個珠寶盒，國際使臣進貢、宮廷採購、皇帝賞賜，各類珠寶多到需分類專人保管；珠寶之中她的最愛卻是當時大家並不怎麼熟悉的——碧璽。清朝後期，慈禧太后更成為中國少之又少的碧璽癡迷者。

福滿春碧璽鍊墜

清・玉嵌珠翠碧璽扁方（局部）（註）

春意鬧碧璽套鍊

人面桃花——桃紅碧璽

被稱為「落入凡間的彩虹」，碧璽因為含有鐵、鋁、鋰、鎂、鉀、鈉等微量元素，才會呈現豐富豔麗的色彩、透明度高，就像彩虹般絢爛多彩，被人們公認是風情萬種的寶石。

慈禧太后特別偏愛粉紅色碧璽，相信粉紅碧璽的能量可以帶給她青春美麗。傳說：慈禧太后的枕頭下藏有一顆碩大碧璽，相傳具有長生及安眠的效果。

東方宮廷珠寶的絕配

　　我以一顆自由的心，玩一種不設限的遊戲，創意文化珠寶。一如我喜歡不規則，碧璽的創作我也選擇「巴洛克」的形式，承襲自慈禧太后緬甸的桃紅色碧璽，有別與暗紅色的 碧璽，看著它在我掌中，幻化成仙子般的夢幻桃紅，思緒不覺中回到喜悅的青春歲月；更讚嘆粉紅碧璽與翡翠的組合，是東方宮廷珠寶的絕配。

春豔碧璽鍊墜

如意碧璽戒指

雙龍獻瑞碧璽鍊墜

神祕奢華的護指──指甲套

　　凝視慈禧的照片，我的眼光不由自主的移到她手上的指甲套。

　　早在1997年出的《瓔珞珠璣》作品集中，就曾把古董指甲套設計收錄書中，它同時也是我早期收藏的古董寶飾。但真正讓我把指甲套融入時尚，成為與臺北故宮合作的特色作品，卻是慈禧說的一句話：「一個女人如果沒有心腸好好打扮自己，那她還活個什麼勁兒？」此一語，道破美麗與女人之間的重要關係。

　　慈禧的這個指甲套，我就是用了不規則的珍珠把它做成一條項鍊，它看起來是很博物館式的時尚珠寶。

點翠指甲套項鍊

春綻碧璽指甲套項鍊

清·玳瑁嵌珠寶花卉指甲套（註）

慈禧的美學

　　慈禧，且不論述其政績，在當時，她應該是時代的新女性，慈禧的珍寶從桃紅碧璽掛件、鈿翠頭飾珍珠耳環。著名的指甲套，從美學觀點而言，慈禧戴有長長的指甲套都是為了與其頭飾、衣服、腳上的鞋，形成一種協調美感。

　　慈禧也讓翡翠她的時代大為流行，甚至超過和闐白玉在國際的聲望。據說慈禧最特別的有一個鏤雕的翡翠指甲套，它比一件精美的玉器的程式還要費工夫。想想，這麼小的一個長形面積，用玉去把它鏤雕出來，要薄，不能斷，又要有花紋，想想有多難啊！

清代尊貴的流行

　　講到這個指甲套的功能是什麼，就覺得非常特殊有趣。大清初期，只有那些錢財萬貫、地位尊貴的人才會留指甲，借以顯示自身的高貴。

　　當然指甲留長，不可能幹活，一定是富貴人家才有可能戴指甲套，因此指甲套也是權勢地位的象徵，為了保護指甲不斷，就在上面套個指甲套。直到清後期，慈禧頻繁戴指甲套，才讓指甲套大大流行起來。

　　指甲套的背面基本都是鏤空的，所以即使在夏天戴，也不會覺得悶。而最尊貴的皇后，所戴的指甲套是最長的。

　　指甲套它的材質除了以金銀、玳瑁、銅、琺瑯製作外，也會利用很多不同的工藝。我設計的這個指甲套，是利用非遺掐絲工藝的技法，這些古代珠寶的手工藝，除了我們從博物館、慈禧的相片中，把當時的流行文化變成現今的時尚，同時也發揚掐絲工藝。

足金累絲指甲套項鍊

作品：故宮指甲套項鍊

清‧銀鍍金鏤空花卉指甲套（註）

法國羅浮宮展覽的黃金指甲套

　　在2018年，我在法國羅浮宮裝飾藝術博物館，也將黃金掐絲指甲套展出，獲得許多國際人士的讚賞。法國羅浮宮委員也珍藏了我的故宮掐絲指甲套項鍊！

捻珠微笑——朝珠

　　朝珠起源於佛教的念珠，念珠匯集宗教數千年的善緣，而朝珠開啓了清朝三百多年的官員禮服特色，也延續了念珠燦爛的傳統文化。

　　佛教念珠共108顆，代表人類的108種種煩惱，每一顆念珠都有代表的意義，先人是希望我們在念珠持咒的同時，記取佛陀的循循善誘，藉以讓自己沉醉在珠串之美、慈悲為懷、忘卻煩惱。

　　1997 年朱的寶飾於佛光山美術館舉辦「捻珠微笑」一檔展覽，此活動展出108顆朝珠、18只念珠各式珍希古老手串之餘，也開創了念珠穿戴時尚之風。

　　滿清信仰藏傳佛教，朝珠起源自努爾哈赤喜誦經，有掛念珠的習慣，朝珠遂成為官員禮服的主要配飾，皇室朝珠非常講究，乾隆29年「欽定大清會典」甚至明訂朝珠的製作佩帶規範，以示鄭重。文官五品以上、武官四品以上，才可以佩戴朝珠，朝珠及頂戴花翎是最能代表一個官員的身分了。

福連連 108 顆念珠

團壽吉慶沉香提珠

清‧伽南香手串（十八子）（註）

清·嘉慶 金嵌寶石朝珠（註）

吉祥連連 108 顆念珠

宇宙智慧盡在朝珠

朝珠各個部分構成都有特殊寓意，總數108顆，代表12月份、24節氣、72氣候，而每隔27顆有一顆大珠，共四顆分珠寓意一年四季春夏秋冬；3串記捻，代表一個月的上、中、下旬，30顆記捻珠代表一個月30天。生生不息，周而復始，順應大自然輪迴。

我除了在1997年曾經在佛光緣美術館展覽「捻珠微笑」，開創念珠時尚之風，同時秉持朝珠的智慧，創作朝珠的概念作品，用途更多元，不僅是掛在胸前、也可以把它當成眼鏡鍊、更可以搭配珠寶當成項鍊、繞幾圈掛在手上，任誰都會誇說有「個性美」。

可以是念珠也可是時尚珠寶；可以靜心、可以是創意文化、也可以是時尚潮流。這些不設限的創意，一直引領著這股時代風潮。

清・綠松石朝珠（註）

祥龍迎福 108 顆念珠

《延禧攻略》

　　浩瀚的中國歷史長河，大大小小無數個朝代更迭，由非漢人建立的王朝中，元朝是蒙古政權，清朝，是第二個由少數民族滿族建立的政權，也是中國最後一個封建帝制，在中國歷史上影響頗為深遠。

　　滿族進入中原後，雖在民間大力推行漢化政策，但皇室還是遵循滿族禮制，盡可能保存本族文化、文字、冠服、禮俗、宗教信仰、價值觀等。

　　清朝到了中期，高宗時代，社會富庶，宮廷奢華，所以有乾隆六次下江南。皇帝每次的出巡都是上千人的隊伍，沒有充實的國庫是難以支撐的。

1997 年《瓔珞珠璣》一書，與 20 年後的魏瓔珞

　　有關乾隆下江南，或是乾隆軼事的清宮劇，不勝枚舉。最吸睛的莫過於2017年的《延禧攻略》，它曾經吸引全球10億華人的眼球。除了追劇，我也著迷於它的服飾配件。原因之一：劇中女主角的名字是魏瓔珞，這和我的第一本書《瓔珞珠璣》（1997年出版），是偶然？還是我在20年前，已經和她相約300年後的相逢？抑或是她要喚起我為古典文物重新設計的靈魂？

　　原因二：劇中人物的服飾配件，完全讓我的眼球定格；劇中各種非遺展現，在髮飾上的藍色精靈、美得很難用言語形容的點

翠。眼光暫且往下移，耳上是一耳三鉗，搖出儀態萬千，再看看貴
妃、皇后頸項上的領約，件件不同款，個個展風華。

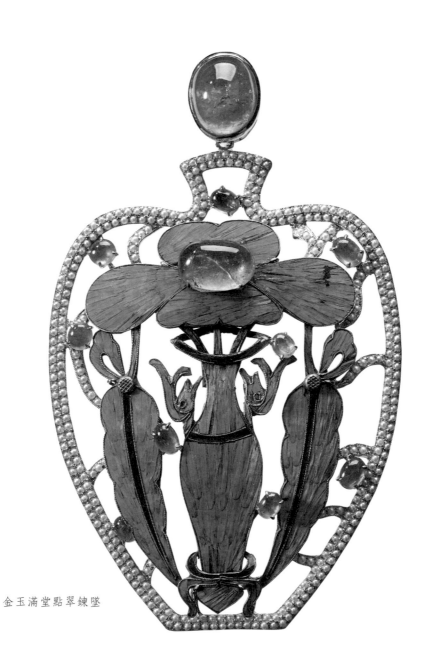

金玉滿堂點翠鍊墜

領約

　　領約是清朝后妃、貴婦朝服佩戴頸項的飾品。項圈上嵌鑲珠寶，兩端各垂絲縧，再綴以珠寶，所綴珠寶的質材、數量、大小，均代表著不同的身分，例如皇后：鏤金為之，飾東珠各一，間以珊瑚，兩端垂明黃條二，中貫珊瑚，末綴綠松石各二，以下各嬪妃皆有區別。

　　富察皇后是乾隆親封的第一位皇后，溫柔婉約，生性簡樸，但她穿的吉服或朝服是非常講究的；穿著龍紋吉服，皆佩戴華麗的領約。

　　領約在以前的清宮劇較少見，實物傳世極少，主要是因為製作難度大，工序繁瑣，考究不易。當看見《延禧攻略》貴妃們華麗的禮服上，精美的領約，其魅力直入我靈魂。憶起七、八年前我即已創意領約飾品，並將之賦予新生命，為現代人頸上添風華。

頸畔風情套鍊

時尚領約的誕生

　　2012年暮春，我漫步在臺北仁愛路，一陣風吹下幾片棉絮，抬頭仰望，是我喜歡的珊瑚紅木棉花，木棉花絮像雪花片片飄下，我似乎聽到雪落下的聲音，「花開富貴領約」創意構想於焉誕生。

　　紅色珊瑚為項圈，採極致米珠工藝法鑲嵌，中間綴以金葉珍珠花朵，既古典又現代，與傳統漢服或現代時尚服飾搭配，皆能凸顯其風華絕代的韻味。

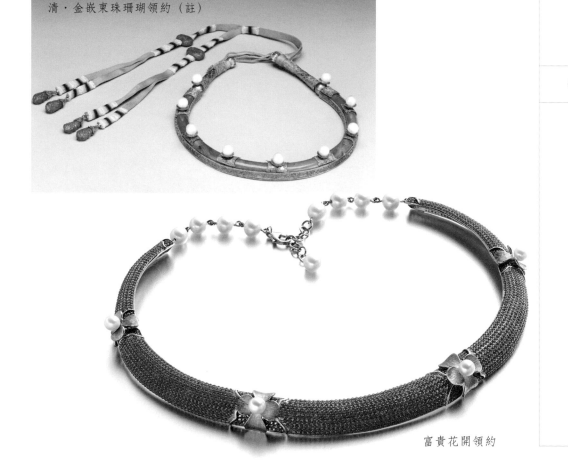

清・金嵌東珠珊瑚領約（註）

富貴花開領約

一耳三鉗

一耳三鉗就是一個耳朵帶三個耳環，這是沿襲自滿族的文化。

滿清自努爾哈赤入關後，承襲女真族的傳統文化，所以，滿族女子一出生，一隻耳朵打三個耳洞，再帶三個耳釘。上自宮廷下至民間，滿族女子個個如此。當時，也用以區分滿漢人。

據史料記載，乾隆四十年（1775年）曾下令：旗婦帶一耳三鉗，原係滿族舊風，斷不可改飾，朕選包衣佐領之秀女，皆戴一墜子，並相沿至於一耳三鉗，則竟非滿族矣，立行禁止。

說明了這是屬於滿州的舊俗，並明令不得更改，選秀女一律要有一耳三鉗。

貴族官宦之家，耳環用金、銀、翠玉、珍珠等高檔珠寶製成，而普通民間女子，多用銅圈代替。

清朝禮制嚴格規定后宮嬪妃們的一耳三鉗的質材，位階不高低，一耳三鉗的質材也不同，例如：太后皇后有兩個一等金珠，皇貴妃貴妃是二等金珠，依此類推。

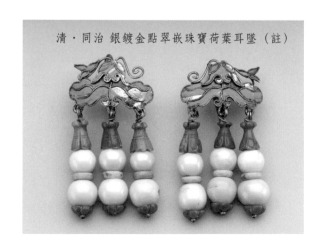

清·同治 銀鍍金點翠嵌珠寶荷葉耳墜（註）

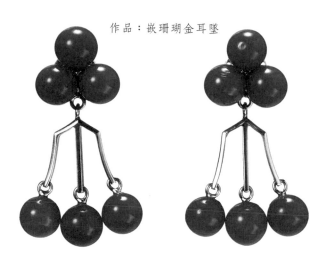

作品：嵌珊瑚金耳墜

古典新潮的一耳三鉗

　　朱的寶飾的一耳三鉗，既傳統又時尚、既古典又新潮。

　　今人想要有一耳三鉗的風情，又不想打三個耳洞，我將它設計成只要一個耳洞就能滿足需求。

　　如果，想要體驗滿族女子的情懷，皇后等級的真一耳三鉗，在臺北故宮文創珠寶作品中，也有這復古有趣的耳環。

作品：方勝耳環

三千煩惱絲，
也有風情萬種時──髮飾

　　古代男女髮式，以挽髻為主，髮髻挽成後就要將它固定，因此，髮簪、髮叉、扁方、步搖，應運而生。

　　杜甫〈春望〉五言律詩中，提到：「白頭搔更短，渾欲不勝簪。」可見，古時男人也是挽髮髻的。君不見，胡歌在陸劇《瑯琊榜》中的盤髮造型，帥爆了，多少粉絲魂牽夢縈啊！

　　皇帝賞賜給臣子的禮物，也常見髮簪，正常男女用簪將髮盤起固定，唯罪犯是不許戴簪，所以我們看到戲劇裡的囚犯總是披頭散髮！

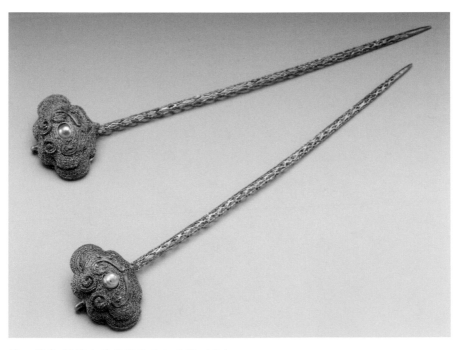

清・道光 銅鍍金纍絲嵌珍珠如意簪（註）

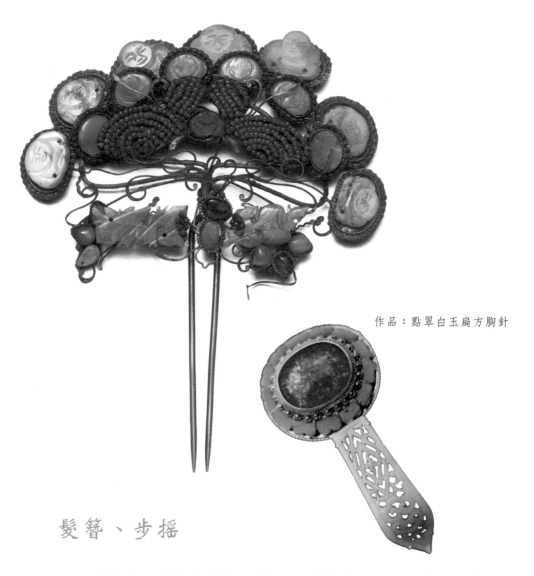

作品：點翠白玉扁方胸針

髮簪、步搖

步搖是古代婦女髮簪上的飾品，製作精細，材料貴重，多見於達官權貴之家的婦女，文人將步搖美化入劇，更抒發濃濃的情意，最具代表性的是唐朝白居易〈長恨歌〉中云：「雲鬢花顏金步搖，芙蓉帳暖度春宵。」形容楊貴妃出浴，髮上戴著金步搖，風姿迷人，讓唐玄宗深愛著她，從此不早朝。

清朝后妃的頂上風情，也頗有可看性，對滿族人而言，頭髮跟生命一樣重要，一般女子是不能斷髮的，《如懿傳》中，皇后如懿情冷斷髮，乾隆憤怒異常，決定廢后。

《孝經》開宗明義：「身體髮膚，受之父母，不敢毀傷，孝之始也。」古人認為身體是父母所賜，應當備加愛護，這是孝道的基本要求。

頭髮重要，當然髮飾更不能馬虎，無論官宦命婦，民間女子莫不對髮飾下工夫！清朝到中期時社會富裕，飾品也隨之奢華化，宮廷中相對有了較高檔的時尚門道，最具代表性的當屬「點翠」，在鈿子上飾滿藍色的點翠，襯托得個個瓜子臉，映得氣色更迷人！

點翠是中國獨有的傳統工藝，清朝大量使用在后妃的髮飾上，成為當時後宮的亮點，點翠工藝現已被列入非物質文化遺產，不僅獨特，而且珍貴！

絨花髮飾

另有絨花髮飾，用純蠶絲巧匠精編而成的絨花，是女子的日常頭飾，所謂「絨花開不敗，但願春常在」，絨花需經過近十道工

蜜蠟珠髮插

鎏金扁方珊瑚項鍊

序，選料的貴重加純手工製作，南京製絨花歷史悠久，成為「髮髻上的南京」。

現代人的髮上風情

現今無論男女，依然在頭髮上大作文章，染成既酷又多彩的頭髮造型，七彩炫麗，引人注目。髮帶、髮夾、髮片、帽子等等，款式顏色部分也承襲古時的絨花、繡片、珠寶，仍是繽紛多彩。

經過了幾千年的歷史長河，無論人類如何進化，三千髮絲的風情仍是千萬種。

參、創意・工藝・詩意

極致米珠工藝

　　傳統中求創新不是一件容易的事。其中最大的困難，便是如何將設計圖案在現實中呈現出來，並且融合傳統概念，結合現代科技工藝，將作品完美的呈現。因此，從構思、選擇質材到琢磨雕刻，我的每一件作品大都耗費多時。

蝶飛胸針

獨家專利的極致米珠工藝

　　對於作品研發與創作投入相當的心力，不只極力融入文化內涵於作品，亦將現代制作工藝層層提升，最具代表性的專利技術「極致米珠系列」作品，創意源自故宮珍藏的文物——銀鑲珠寶靈芝如意，作品是將全世界最小且皮光、色澤一致的1mm米粒珍珠，以微鑲技法，呈現出皇室宮廷珠寶的特色，藉古風之韻，引導時尚之雅！除獲得獨家專利，亦保存發揚了中國古董珠寶的質感與特色，可以說是我將故宮典藏的皇室珠寶轉化成時尚珠寶的最佳代表。

清代皇室的珠寶所運用的寶石具多元性。皇室應場合不同，搭配所用的寶石亦有所不同。

祀天以青金石為飾，祀地用琥珀，朝日（春分）用珊瑚，夕月（秋分）用綠松石。

這些祭祀用的清代寶石，我們用「極致米珠」工藝，完成了一項「不可能的任務」；把寶石磨成1～1.3mm左右極細微的小圓珠，設計而成的特色珠寶。

其代表作為「五蝴臨門」。

五蝴臨門擺件　　　　　　　　　　　　　　　　　蝶戀胸針

蝴蝶‧福在眼前

蝴蝶在中國是吉祥元素，寓意「比翼雙飛」、「成雙成對」，蝴蝶飛舞的美，像一首繾綣優美的蝶戀花，任誰都會喜歡！

蝶舞胸針

它寓意甜美的愛情和美滿的婚姻，也有人比喻成自由戀愛，表達人們對自由愛情的嚮往與追求。

中國絕美的愛情故事，最感人的化蝶傳奇

中國四大民間愛情傳說之一的《梁山伯與祝英台》（另三是《白蛇傳》、《孟姜女》、《牛郎織女》），描述一對青年男女在傳統封建制度下，相愛卻不能結合，結果雙雙化成蝴蝶飛去，傳為佳話。

梁祝化蝶的故事，讓許多戀人無限嚮往，所以蝴蝶也是象徵堅貞的愛情，至死不渝。蝴蝶除了美麗、吉祥寓意、象徵愛情之

蝶想胸針

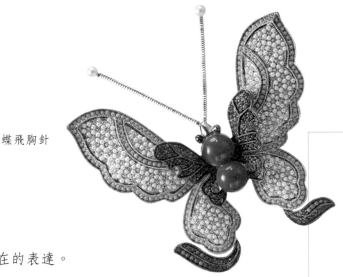

蝶飛胸針

外，也可以是想像自由自在的表達。

　　「莊周夢蝶」：描述莊周自己變成一隻蝴蝶，快樂的翩翩起舞，四處遨遊，明確表達了對自由的心然神往，欲從現實中解放、逃脫。

　　西方也有關於蝴蝶的傳說：結婚新人，將心願輕聲告訴手中蝴蝶，然後放飛，願望就會實現，愛的承諾便會天長地久。

「蝴」與「福」諧音，寓意「福在眼前」、「福至心靈」

　　中國有一句成語「破繭成蝶」，這個過程，經過黑暗與痛苦，所以背後的意涵，就更加讓人喜歡它的美。

　　我在設計過程也常遇到瓶頸，而當靈光乍現，文思泉湧，變成一件件的美麗作品，是否也是某種形式的「破繭」。我特別喜歡以蝴蝶作為創意元素，它美麗的身形，在「極致米珠」的襯托下，是不是更具靈氣！把米珠蝴蝶帶在身上，「福在眼前」、「福至心靈」、「幸福美滿」。「極致米珠」以東方設計思維為主，西方工藝技術為輔，並挑戰全新的珠寶工藝技術，將古物恢復時尚，傳承文化，不是複製傳統。相信「極致米珠」的創新技藝，能完美表達出21世紀現代中國風珠寶該有的新潮樣貌，從傳統中脫穎而出的文化藝術珠寶的時代容顏。

點翠工藝

綠雲高髻，點翠勻紅時世。

月如眉，淺笑含雙靨，低聲唱小詞。

小檀霞，金釵芍藥花。青鳥傳心事。

雙飛雙舞，春畫後園鶯語。

清・珠翠鈿子（註）

凝露豔抹點翠胸針

舞春風點翠鍊墜

　　翠鳥，西方稱Kingfisher，傳說中象徵幸福的青鳥就是翠鳥。古代女子的頭飾間，那一抹驚豔的藍色，就是點翠，點以菁華，翠以傾城。

　　使用翠鳥的羽毛作為裝飾可溯至東周，在詩歌作品中即發現翠鳥羽毛飾品的蹤跡。

　　「滿頭珠翠，遍體綾羅」是中國古代對奢華裝飾的描述，粉黛間的點翠裝飾成為衡量美的一種標誌。而晉代學者張華在《禽經注》中曾提及「婦人首飾，其羽值千金」，足以表明點翠在古代女性飾品中的地位和價值。

　　清代以前，翠鳥羽毛大多用於特別訂製的大型墜飾，或做成華麗的鳳冠讓新娘出嫁時佩戴。

　　而其蔚為風行是在明清時期，這是一項少有的將動物之靈與器物之美結合的工藝。

春至福臨點翠項鍊

　　點翠工藝是中國一項傳統的金銀首飾製作工藝，它是首飾製作中的一個輔助工藝，起著點綴美化金、銀首飾的作用。

　　是以翠鳥羽毛剪貼於金屬底版上製成，需要具備耐心及美感，更要有超群的手工，無法使用機器設備完成。清朝時，都是皇家頂尖的工藝師來製作的，現在已咸少有師傅能達到如此工藝水平。翠羽，可以呈現出蕉月、湖色、深藏青等不同色彩。

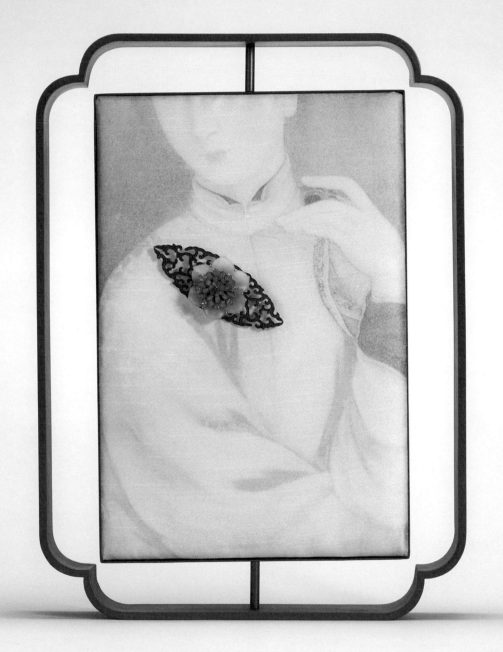

骨董點翠，當代傳承

對歷史文物高度興趣的我，以前老喜歡到古董店細細專研，也許是緣分使然，有天正專注於古董寶物時，發現陽光投射在一個小角落，閃著藍色光澤。好奇心的驅使下，我翻開堆疊在這閃光上的一些雜物，發現了點翠冠飾，我很訝異，這麼美的東西，怎麼會被遺忘在這不起的角落？那驚鴻一瞥，最是令人難忘！從那時候開始鑽研點翠，醉心於此。

現階段，我所採用的點翠全是古董點翠，我希望透過我的努力，將點翠的歷史價值與文化傳承下來。我認為，以前的點翠大多用於裝飾，而現代的點翠作品則更應突出實用性。

所以我在保留古董點翠的原本工藝樣貌外，又在其中加入了許多不同的元素，如碧璽、翡翠、珍珠和白玉等，讓古董點翠散發出現代美感，而有當代傳承。

在清朝時，東西交流頻繁，在瓷器、繪畫上都有著交互的影響，可是卻未見此工藝技術出現於西方，近代，西方仍有以點翠為主題的專書，贊揚此工藝美學和華采，東方風的盛行，的確也引起許多國外人士的注目，但是我想應該很難有國外品牌能將點翠運用的如此極致。

春暖花開鍊墜

福至花開點翠胸針鍊墜兩用

生命和華貴拼貼而成的藍色傳奇

　　觀察需求，從現代人的生活型態中發掘，當文明發展到一定程度時，人們開始尋求精神層面，文化和藝術是很重要的心靈補給，如何保留文化意涵注入創作，一直都是我作品所企圖表達的，在設計的近30年裡，我始終堅持，中國文化為根基，現代語彙為設計，用作品來訴說故事，引領人們進入這迷人的中國歷史。

　　我很珍視現在能收藏的這些古董點翠，它們所擁有的是一種文化與歷史的記憶，這些是無法被取代的，這或許是世界上唯一將生物之靈，與器物之美和而為一的寶飾，也是生命和華貴，共同拼貼而成，是世界珠寶史永遠不可複製的藍色傳奇，我希望透過我古意摩登的設計，將這個特殊的點翠工藝保存下來，重現歷史容顏。

想入飛飛

　　從小，人們的思想及創造力總是受到種種教育環境的暗示與限制，就如同我們習慣上總把所謂的「藝術品」定位於繪畫及雕塑等作品上。其實我們生活裡，身邊貼近的小東西，一粒珠子、一件髮釵、一只別針、項鍊，甚至書桌上的小擺件都是「藝術品」，而且是最真實，最令人感動的東西，因為「它」就在你身邊。

　　剛開始設計飾品時，自己並不自覺，那時候，只覺得一粒珠飾，一件玉珮、古玩，甚至是一顆釦子，是那樣的美，光是放在盒子裡，似乎缺少了一點什麼，於是「行俠仗義」的努力「拯救」這些珠飾，成了我設計的來源。更進一步，我開始貪心起來，珊瑚、松石、水晶、碧璽、琉璃，各類半寶石，材質的運用琳瑯滿目，從「點」到「線」至「面」，從平面到立體的各種風格不同的造形設計，玩起各種不同材質遊戲，一場不設限的飾品創作遊戲。

一顆自由的心，是創作的泉源

「常常有人問及，妳的飾品設計款式從A到Z，從古董珠飾到現代寶石，變化如此之大，怎麼可能？」答案是：「一顆自由的心」。因為「自由的心」可以讓一個設計師的作品靈感永遠取之不竭，用之不斷，生活中的一切都是創作設計的來源，例如一件家具的花邊雕飾、大自然的花草、海邊的貝殼、孩子天真的想法、動物的肢體語言、建築物上的裝飾等等，因此保有一顆童真與好奇之心，就會有源源不斷的創作加 "You are only limited by your own imagination."，只要有一顆「自由」的心去感受、冥想，其實設計創作的靈感是無所不在的。

「Break All Rules」 打破一切規則再創造

在大部分的珠寶設計，都將「材質」的選擇列入第一個設計重點，珠寶作品「豪華」、「尊貴」，也成了顧客購買的「習慣」，於是鑽石有多大，紅藍寶有多稀有，也成為珠寶飾品的「流行」語，而我卻執意自己的座右銘 "Break all rules."，打破所有規矩的應用一些「文化、古董」材質去設計珠寶，想為臺灣的珠寶設計，來點「革命」，無論材質、形制的選擇，及佩戴的方式，都應該在「打破」一切規則後，來點新的創意，因為我認為珠寶是另一種藝術的創作。

魚戲胸針

墨韵書香項鍊

水墨寫意，詩畫入藝

　　自古以來，人們都認為寫意畫是柔軟的，只有毛筆才能演繹，只有水墨才能營造意境，書畫的線條之美，層層渲染的幽境湮遠，只能在吸水性強的紙張布帛上表現；然而，我卻用珠寶寫意，用玉石潑墨，顛覆了這項認定，因為，我有一顆柔軟如毛筆的心，又有敏銳的水墨感知色彩觀，更不乏造型把握的筆趣，尋找原味玉石珠貝裡的書法與畫意，或把意在筆先的率性寫意當造型，讓我的首飾設計中國味更濃，畫意詩意更耐人尋味。

　　除了「創新」外，其實「傳統」的中國畫作，是我設計作品的創作來源之一，中國畫作中的潑墨畫，常是我參考的重點，所謂「墨分五色」，一種黑色，就分中黑、淺黑、淺灰，畫中的梅枝、喜鵲、山水等等都會讓人不禁想把畫中的圖案，應用在我的作品中。

我將齊白石的畫作「仙楂」，拿來做一只別針，把珊瑚磨成兩粒櫻桃，把「畫」帶在胸前，是不是挺有意思的呢？

有時候，我會迷戀於屬於中國印象的織錦綢緞，戰國玉器的饕餮，那種夾雜著繁複華麗的圖案及饒富禪意的現代感變奏想像，讓人覺得設計真的無分年代，從古董文物中，可以創新復古的前衛設計。

另外善用一些民族特質的元素，亦可以添加摩登的眩目效果，例如清朝的指甲套，及中國邊疆民族的銀器或者西藏風情的珊瑚、蜜蠟等，這種元素加以整合，重新設計過後，就可以成為摩登的流行珠寶，而近幾年的民族風熱潮，不也是如此的嗎？

大多數的人，看到的是美麗與鮮華的創作品。
但是，在這些光亮的背面，
卻隱含著許許多多心情的煎熬。
沒有背面的掙扎，也就沒有光彩流露的正面。

荷風胸針

喜上眉梢項鍊

仙鶴迎福胸針

　　「想像」其實是最大的設計資源，有時候我會天馬行空的想出一些特別的設計，可以說是「無中生有」，當在紙上完成設計構思，才開始雕刻，琢磨材料，往往一件作品需耗費數月，所以在見其美麗、光鮮的創作品下，其實是含著許多心情的煎熬，但是我相信「想像」有多遠，「快樂」就有多近。

　　《莊子》〈逍遙遊〉講述「鯤鵬之喻」，當大鵬鳥在空中翱翔逍遙時，眼界寬了，視野廣了，看事情的角度不同了，莊子藉由此寓意提醒人類，超脫世俗，打開視野的各種想像空間，跳脫一般性的思考，才能超越自我，創作、創新才有無限的可能。

從故宮到羅浮宮

　　轟立在塞納河畔、史詩般的巍峨宮殿——八百多年歷史的羅浮宮，對一個遊客而言，除了必看的鎮館三寶之外，2018年夏天又多了一個選項。

　　2018年6月，我應「中國文物交流中心」之邀，和北京故宮、騰訊等，以藝術創作家的身分，首度在羅浮宮展出一週。

蝶飛若舞胸針

蝶伴相思胸針

蝶香纏綿胸針

最新潮的古典

　　為了這場在「裝置藝術博物館」的展出，我精心挑選「珠寶裝置藝術」作品，以我的「最新潮的古典」為概念，向國際藝術界出發！

　　「最新潮的古典」，一語道出了現代流行時尚的走向，服裝設計不斷翻新古典，將經典與現代結合。真正的古董珠寶飾品，也展現煥然一新的時代感，想掌握最近潮流，反而應該從認識博物館的飾物開始。

　　本次活動展出作品共計14件，每件都蘊含東方文化，兼具藝術性與實用性，落實文化珠寶的創作理念。此次的參展作品，得到歐洲收藏及藝術家們的肯定，並且在義大利卡薩雷斯博物館展覽時，發布專文，刊登在歐洲最有影響力的藝術媒體平臺。

一場巴黎的中國珠寶革命

撰寫專文的奧德・克勞斯（Aude de Kerros），是非常受尊崇的藝術評論家，她出身法國藝術及外交世家，是法國騎士勳章獲獎者；她的評論皆成為歐洲藝術界對時尚趨勢的重要指標；以下是她的評論報導：（原文摘譯如下）

「今年六月於巴黎裝飾藝術博物館，珠寶愛好者們為業餘人士和專業人士舉辦了一場精緻的展覽，特別展出一些受到博物館歷史故事啟發而設計的珠寶作品。

這場展覽是一個新的創舉，每一件作品都涵蓋了精密的技術和新穎的理念，強調採用珍貴的材料，為的是致力於將博物館藝術發揚光大。

珠寶設計師林芳朱正在聚光燈下！她非常熱愛藝術史，從1990年代開始她的珠寶生涯，當時中國正在經歷幾十年極端緊縮的局面，並禁止任何風俗習慣，林芳朱是第一位重新打造中國日常生活對於美的定義，且將傳統改為創新的理念藉由珠寶設計來傳達。秉持著5000多年的中國文化和追求天然的本質，她創立的品牌『朱的寶飾』復興了傳統的樣貌，充滿歷史與文化意義，將博物館文化的理念帶到日常生活當中，以創新的設計讓女性隨身佩帶，成為一種新時尚。

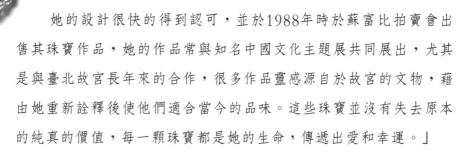

梅梢報喜鍊墜

她的設計很快的得到認可,並於1988年時於蘇富比拍賣會出售其珠寶作品,她的作品常與知名中國文化主題展共同展出,尤其是與臺北故宮長年來的合作,很多作品靈感源自於故宮的文物,藉由她重新詮釋後使他們適合當今的品味。這些珠寶並沒有失去原本的純真的價值,每一顆珠寶都是她的生命,傳遞出愛和幸運。」

能獲此殊榮,對一個未曾經過專業珠寶設計訓練的我來說,無疑是注入我更多的創作動力,矢志將文化珠寶傳承,俾東方文化能持續在世界發光發熱。

裝置藝術珠寶大獲好評

以珠寶呈現的東方藝術品,可以呈現出一幅畫作或擺件,並且可佩戴,美觀又實用,這樣的創意是超越時空想像的,此次的裝置藝術珠寶受到各界好評。

百福具臻擺飾

有鳳來儀，胸針、擺飾　裝置藝術作品

　　鳳凰又稱為「仁鳥」，象徵祥瑞。古人認為，時逢太平盛世，便有鳳凰飛來。

　　結合極致米珠與鑽石等現代鑲嵌技藝，製作而成鳳凰，栩栩如生，丰姿傲視。

　　平常可以佩戴成胸針，不佩戴時可以變裝置藝術的擺件，是一件珠寶、結合藝術創作的作品。

　　另一件特別令西方人讚嘆的是「梅梢報喜」鍊墜。此作品融合19世紀 Art Deco裝置藝術的珠寶和東方水墨寫意，展現珠寶的時尚，卻又能善發出濃濃的東方喜氣。

　　創作的概念來自於──故宮典藏宋沈子蕃緙絲《梅鵲圖》：在中國，喜鵲代表吉祥、喜事連連、喜上眉梢；作品簡約的線條、柔和的色彩，讓觀者彷彿聽到喜鵲的鳴叫聲，同時也由衷感受到喜氣降臨；這乃是中國道家心、靈合一的最高境界。

有鳳來儀胸針

肆、吉祥系列

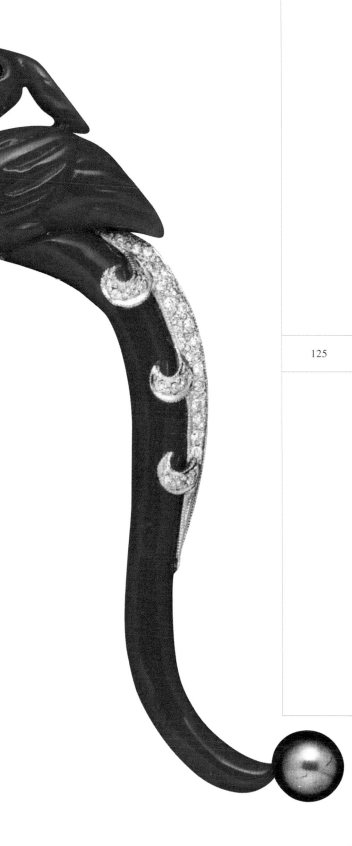

吉祥物

　　人類追求幸福平安，古今中外自古皆然。我們的祖先創造了許多祈求萬事順利的象徵，而這些嚮往和追求幸福的事物，我們稱之為吉祥物。

　　吉祥話古代被稱是「嘏辭」，《禮記》〈禮運篇〉提到：「陳其犧牲，備其鼎俎，列其琴瑟管磬鐘鼓，修其祝嘏，以降上神與其先祖。」意思是說：古人祭祀的時候，要備三牲素果、禮器、樂器、寫好祝禱詞，讓神明祖先心情好，降臨人間享用祭品，祈求長壽、健康、有福、有祿。這是有關吉祥話的遠古記載。

　　中國人的含蓄性情不喜歡當面說，卻把寓意深長的祝福藏在好禮中相送，巧思妙喻轉換了堅硬素材，諧音聯想比對出趣味圖像，求財祈福保平安的尋常需求發乎寸心，收攝於「朱的寶飾」設計中，成了我用珠寶寄祝願的特殊系列，每件作品都融入吉祥的寓意。

　　本章節就是闡述我如何運用吉祥物來創意我的文化珠寶。

如意胸針

龍的傳人

　　中國的十二生肖當中，其中有十一種是上帝創造的，只有龍是中國人自己想像創造的，龍是中國古代神話傳說中的靈異動物，是權勢、高貴、尊榮的象徵。

　　看似虛幻，卻在人世間，以真實的方式呈現，從古代的玉飾、陶器、服飾、工藝、美術、建築等生活文化，龍文化早已烙印在中國人的衣食住行當中，至今依然如此，廟宇、宮殿、雕塑、藝術，仍有龍的形象。另外，龍與天氣變化有關，龍經過之處，往往會帶來雨水，這也符合神話傳說中，龍王專司降雨的說法。

　　龍雖是古人的傳說，卻賦予龍崇高的的地位，因為遠古時代洪荒猛獸，人類生存不易，敬畏大自然，所以需要心靈的慰藉，龍被認定為是可以呼風喚雨、法力無邊、利益萬物、集中美好願望，祈求平安。

　　中國人自詡是「龍的傳人」，但只有皇帝服飾可稱龍袍、座椅稱之龍椅，可見龍在古代是多麼的高等尊貴。臺北有龍山寺，香火鼎盛，是著名的觀光盛地；龍舟、龍騰虎耀、魚躍龍門、人中之龍、舞龍舞獅等等的文字敘述，都是代表我們仍認同龍為祥瑞、尊貴的象徵。

飛龍在天胸針鍊墜兩用

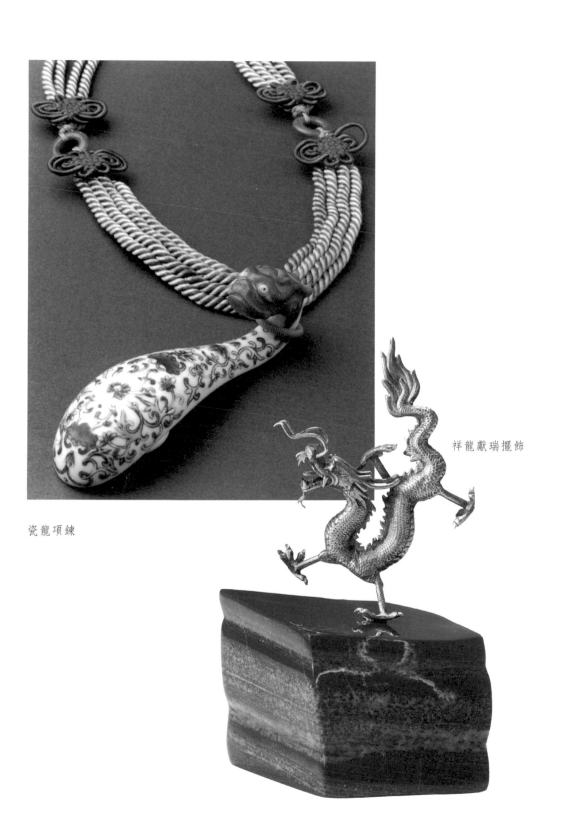

瓷龍項鍊

祥龍獻瑞擺飾

鳳凰于飛

　　鳳是古代傳說中的百鳥之王，鳳凰如同「龍」的形象一樣是尊貴、權勢的代表。鳳最早出現在《山海經》中，記載提到：「有鳥焉，其狀如雞，五彩而文，名曰鳳凰。」

　　《詩經》〈大雅卷阿〉：「鳳凰于飛，翽翽其羽……」鳳和凰相偕而飛，恩恩愛愛。現在用以祝福新人婚姻美滿。中國文人也有許多鳳凰相關的文字流傳下來，詩聖杜甫七歲即興之作「詠鳳凰」，另對鳳凰之描述出現在碑帖：唐顏真卿《和政公主神道碑》提：「鳳凰於飛，梧桐是依。噰噰喈喈，福祿攸歸。」

130

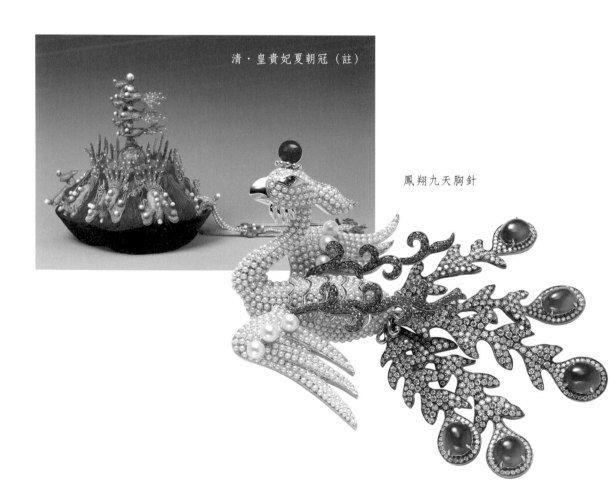

清‧皇貴妃夏朝冠（註）

鳳翔九天胸針

丹鳳朝陽碧璽鍊墜

　　現代人對靈鳥鳳凰的尊貴形象至今依然，常用人中龍鳳、望女成鳳，連命字中也要用「鳳」字。

　　鳳凰的高貴形象，也出現在朝鮮的歷史中。2015年韓國熱播的歷史名劇《明成皇后》，韓國人將明成皇后的地位提高到鳳凰，以顯尊崇。明成皇后掌權二十年，最後被日本人凌辱燒死，在熊熊烈火、眾人的驚呼聲中，明成皇后化身鳳凰，凌空而上，飛向天際。

　　「朱的寶飾」取其尊貴吉祥之寓意，製作成系列鳳凰作品，其中鳳凰胸針，採用獨家專利技術「極致米珠工藝」讓鳳凰的氣勢栩栩如生展現，除了寓意，也呈現它的美麗身形，期望佩戴著鳳凰飾品，件件事如意，個個為人中鳳凰。

文人與扇子

扇子歷史在中國源遠流長，原本是遮陽、遮面、擋風、納涼的，在扇子上作畫甚早，大約是在周朝。至唐朝已漸為文人接受，唐朝張彥元《歷代名畫記》記載歐陽修畫扇，至魏晉時期在扇子上作畫題詩開始流行，並流傳至今，盛行不衰。

《晉書》〈王羲之傳〉記載一則有名的故事，大意描述王羲之來到紹興蕺山，有一天帶著僕人，提著酒菜，背著文具箱，到郊外遊玩，看到一位老婦在賣六角扇子，王羲之心生憐憫，就在白扇面上題字，告訴老婦說：「你賣時就說是王羲之所書，可賣一百文錢。」結果眾人爭相搶購，今浙江紹興蕺山南邊還有座「題扇橋」以茲紀念。

《太平廣記》記載王獻之擅畫，王獻之和王羲之在扇面上題字作畫，對後代書畫藝術界產生極大影響。

古今藝術界人士皆愛扇子，除了可以在扇面上抒發情感、美化扇面外，其實扇子是有非常美好的寓意。

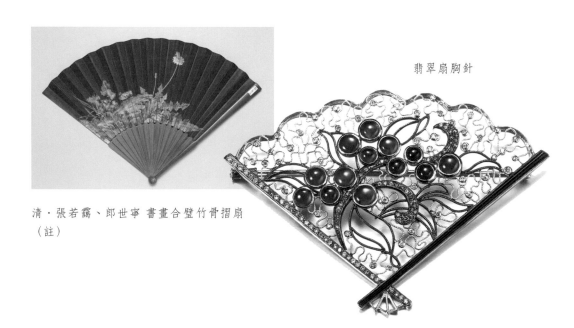

翡翠扇胸針

清‧張若靄、郎世寧 書畫合璧竹骨摺扇
（註）

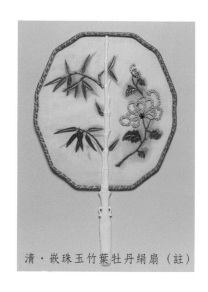

清 · 嵌珠玉竹葉牡丹絹扇（註）

竹葉扇子耳環套組

　　扇乃善也，寓意善良——善行，一般婚俗、以及求婚，都會送上一把精美的扇子。

　　那年設計了一枚名為「香扇」的翠玉胸針，那是一柄蘸染著古典氣息的合歡扇，沉實的黑瑪瑙裝成手柄，清透的白水晶展為扇面。幾片青翠欲滴的翡翠竹葉盈然浮動於扇上。

　　觀賞者的眼睛，可以透過白水晶的濛濛水潤，漫漫蕩漾開無盡的遐思：

　　它該是哪一把在佳人手中執過的團扇？

　　是蘇小小生在油壁車中，伸出手腕掠過柳枝的那一把？

　　是花蕊夫人蛹臥在摩珂池畔，望月乘涼的那一把？

　　還是杜麗娘牡丹亭上，夢中的那一把？

　　扇子亦可用以避邪。

　　在扇子上裝飾吉祥飾品，祈求大吉大利、吉人天相。

　　佩戴扇子的飾品，不僅是隨身攜帶善良美好，既古典又有幾分妖嬌，展現婀娜多姿，遙想古人的詩情畫意，心中更有濃濃的懷古思幽情之感。

葫蘆，福祿、護祿

　　葫蘆其諧音「福祿」、「護祿」，且其形象是「吉」字。

　　古人認為他可以驅邪避諱，帶給人們幸福和好運，天然S形的葫蘆既美觀又有強烈的動感美，其形上圓下方，蘊含天圓地方之意，作為一種吉祥物和觀賞品都是現在人共同的體認。

　　《詩經》〈大雅・綿〉：「綿綿瓜瓞，民之初生。」古人認為創世紀前，混沌宇宙，其天人合一的狀態，彷彿一隻葫蘆。

　　葫蘆多子，又有子孫滿堂之象徵。連枝帶葉的葫蘆圖案，它象徵家族綿延，萬代興旺。

清・嘉慶「金鑲黃碧璽吉服帶」（註）

福祿相隨鍊墜

糾結葫蘆

135

繡袋葫蘆吊飾

現在也有人視他為風水寶物，嘴小肚大，收納良好陽氣。這是因為道教盛行，流傳至今，葫蘆乃道教八寶之一。

　　葫蘆的寓意美好，為了長久保存，所以窯燒成葫蘆形狀的各式瓶子開始盛行，宋元時期有名的龍泉窯、景德鎮等都有精品流傳於後。清乾隆時期，社會富庶，有諸多葫蘆形的窯瓷在國際拍賣場上大放異彩。

　　我的創作品中也有諸多葫蘆相關作品，亦有早年蒐集的古葫蘆，我將之古物新呈，創意加上工藝，讓珠寶脫離裝飾品的框架，重新定義珠寶既是藝術品，同時將他的吉祥寓意更上巔峰。

福祿雙齊香囊墜

坐葫蘆

祝福富貴一世的牡丹

　　牡丹花大而豔麗，盛開於農曆四月，國色天香，被人們視為高貴昌盛的象徵。也藉以比喻女子面容姣好。唐朝甚至將牡丹稱為「花王」，歷史上描寫牡丹詩文最豐富的也是在唐朝。

　　傳說中國四大美女之一——貂蟬，在花池畔練舞而牡丹花也跟著翩翩起舞，因此被稱為牡丹花神。

　　相傳唐玄宗偕同楊貴妃在沉香亭賞牡丹，樂師伴奏絲竹同歡，一時興起，召李白進宮寫了傳世千年的《清平調》三詩：

雲想衣裳花想容，春風拂檻露華濃。若非群玉山頭見，會向瑤台月下逢。

一枝紅豔露凝香，雲雨巫山枉斷腸。借問漢宮誰得似，可憐飛燕倚新妝。

名花傾國兩相歡，常得君王帶笑看。解釋春風無限恨，沉香亭北倚欄杆。

宋・繡黃筌畫花鳥
（二）冊牡丹（註）

花開富貴翡翠鍊墜

唐朝盛行賞牡丹，可以從詩人白居易《牡丹芳》一詩略窺其境：「牡丹芳，牡丹芳，黃金蕊綻紅玉房。……花開花落二十日，一城之人皆若狂。三代以還文勝質，人心重華不重實。重華直至牡丹芳，其來有漸非今日。……」

另，唐詩人劉禹錫也對牡丹情有獨寫下唯美《賞牡丹》：「庭前芍藥妖無格，池上芙蕖淨少情。唯有牡丹真國色，花開時節動京城。」

這些膾炙人口的詩句，生動的描述了當時人們傾城觀花的盛況。

傳說一代女皇武則天，酒後醉言，下令百花於降冬同時盛開，諸花不敢違抗，唯牡丹抗旨未放，顯示出牡丹的堅貞氣節；武則天一怒之下，將牡丹貶至洛陽，牡丹卻因此贏得更多人的喜愛與讚賞，至今洛陽牡丹仍極富盛名。

牡丹所寓意的富貴、美麗、堅貞、吉祥、雍容華貴等美好祝願，是我在創作吉祥系列的重要元素，甚至也融入生活裝置藝術當中，讓牡丹的美好寓意永相隨。

富貴呈祥胸針

蓮蓬，連生貴子

　　在中國很多植物都被賦予了特殊的含意，這許多美好的寓意，延伸到現實生活之中做成吉祥物，這些吉祥物以其特色做成各種飾品或是擺件，配戴或是陳列於居家生活，將原本的吉祥物的美好寓意，隨身攜帶、融入生活，讓心靈充滿喜悅吉祥。這樣的意念至今仍紮實的存在現實生活裡。

　　蓮蓬乃是蓮花凋謝後留下來的花托，蓮子取出後，蓮蓬上面一個個的洞，代表路路通，路子多，當然就事業有成。

　　又，蓮蓬和蓮花一樣，都具有聖潔、清靜的象徵意義。我們所見的佛像多塑立於蓮花之上，蓮花美麗精細、面容姣好，蓮蓬厚重而質樸，契合佛教追求的莊嚴美。

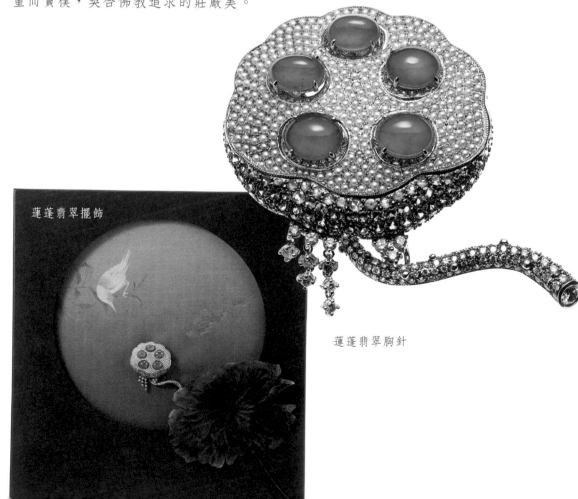

蓮蓬翡翠擺飾

蓮蓬翡翠胸針

蓮蓬在佛教中寓意——花果同時，寓意既是因，又是果；佛因眾生，沒有眾生，終究不能成佛。

蓮蓬內含蓮子，而蓮子是「連子」的諧音，古人寓意多子多孫、子孫滿堂。

《樂府詩集》〈子夜四時歌‧夏歌〉：「乘月采芙蓉，夜夜得蓮子。」芙蓉指的就是蓮蓬。

浸淫在文化珠寶設計多年，我對中國傳統美好寓意的素材特別有感， 然蓮蓬的素材設計不易。

某年的盛夏，偶觀張大千大師的《墨荷四聯屏》及《水殿暗香》，見到櫛比鱗次的蓮花葉子，錯落在荷花池中。

嘆大千藝術之餘，也有感而發的創作了一款蓮蓬翡翠胸針；蓮蓬的面是用1mm的珍珠，上面蓮子綴以綠色翡翠，下方有數條垂鬚，整個作品具藝術性、清涼又有靈動感，更甚者是蓮蓬的吉祥寓意，穿戴者如能入心體會其美好，祈能心想事成，子孫滿堂、事事成功、企業後繼有人。

蓮蓬玉石胸針

金玉滿堂

　　中國是一個詩詞的國家，又是最早飼養金魚的國家，金魚入詩結良緣是必然的，文人墨客時常藉詩詞表達對金魚的喜愛。古人稱金魚又名「文魚」，意思是富有文飾色彩的魚。

　　宋朝蘇東坡於金鯽魚曾賦詩一首《訪南屏臻師》：「我識南屏金鯽魚，重來拊檻散齋余。還從舊社得心印，似省前生覓手書。」

珊瑚金魚胸針

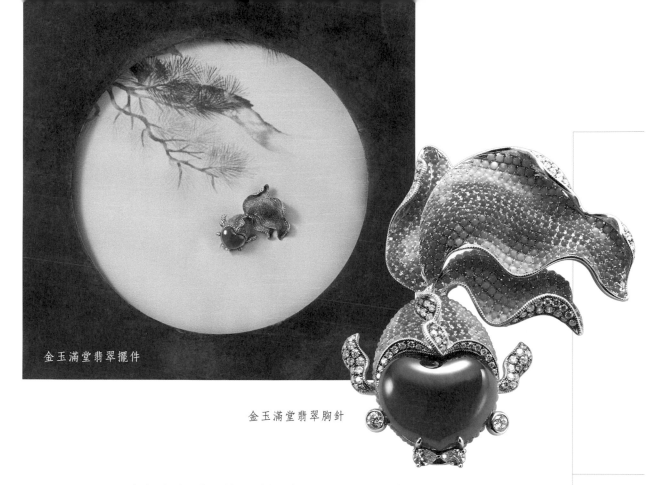

金玉滿堂翡翠擺件

金玉滿堂翡翠胸針

　　唐朝李賀《酬答二首》詩中描述：「金魚公子夾衫長，密裝腰鞓割玉方。 行處春風隨馬尾，柳花偏打內家香。」

　　另，《全唐詩》中收錄李賀作品也提及：「月明啼阿姊，燈暗會良人。 也識君夫婿，金魚掛在身。」

　　這兩首詩中均提到金魚掛飾，可見古人已將金魚美好寓意隨身攜帶。

　　金魚寓意金玉良緣，指的是美好的姻緣。金魚的眼睛被認為是智慧之眼，而金魚的尾巴愈大代表財富愈豐。

　　龍、鳳、麒麟是想像中的吉祥物，而金魚存在現實中，人們喜好養金魚，古今皆然，尤其大戶豪門池中必有金魚；在清宮劇《延禧攻略》，女主角魏瓔珞為獲取太后歡心，讓御花園的金魚排成「壽」字，為太后祝壽，因此事件而晉身，也為她的皇貴妃之路奠定了穩固的基礎。

蟬，一鳴驚人再鳴腰纏萬貫

　　午後，來到臺北故宮，陣陣熱浪伴著樹叢裡宏亮的蟬鳴聲，正式宣告盛夏的來臨！

　　中國文學關於「蟬」的記載始於史記，《史記》〈卷八四·屈原賈生傳〉：「濯淖汙泥之中，蟬蛻於濁穢，以浮游塵埃之外。」意即蟬脫殼之前，生存在污泥土壤之中，經過蟄伏多年，一旦脫殼成蟬，飛到高樹上，餐風飲露為生。

清·蔣廷錫《仿宋人花鳥 冊》蟬鳴紫薇（註）

蟬鍊墜

　　我們聽到的蟬叫聲是雄蟬，叫聲是吸引雌蟬，以繁衍生命，而蟬聲寓意一鳴驚人，不同凡響！

　　蟬常用來形容君子出污泥而不染，高風亮節，唐朝詩人虞世南詠蟬一詩——《蟬》：「垂緌飲清露，流響出疏桐。居高聲自遠，非是藉秋風。」詩人常托物喻志，抒發情懷，藉蟬自喻自身的高潔，古代人們甚至喜歡將玉石雕成蟬的形狀，寓意清廉高雅及一鳴驚人。隨身佩戴，腰纏萬貫，另有纏綿悱惻之寓意，比喻情人恩愛一世，祈福納祥之外，更是希望試場、官場、人生皆能一鳴驚人，成為人中龍鳳！

蝴蝶，福疊，福氣層層疊疊

「蝴蝶，蝴蝶生得真美麗，頭戴著金絲，身穿花花衣……」傾聽這首兒歌，映入眼簾的是翩翩飛舞的小女孩，及蝴蝶美麗的倩影。

一回眸，一顧盼，更是一首纏綿的蝶戀花。

中國古文學中，最早出現蝴蝶的是《莊子》在〈至樂篇〉提到蝴蝶，更有名的是〈齊物論〉的「莊周夢蝶」，之後引發眾多文人騷客的共鳴，在古詩文、繪畫、雕刻、刺繡、戲劇等藝術中，都有蝴蝶的美麗身影。

古人慢活的世界中，像蝴蝶這樣的優美精靈，肯定會受到文人墨客的追捧，在他們的詩詞歌賦中，盤桓飛翔。

清·乾隆「金纍絲嵌珠寶蝴蝶簪」
（註）

蝶舞翩翩喜迎福胸針

蝶舞春風胸針

蝴蝶身美,形美,色美,情美,寓意更美。
一隻蝴蝶,幾世福氣,一個傳說,幾段故事!

伍、生活美學

歲朝清供

　　清供始於秦漢，盛於明清。「歲朝清供」：歲朝指的是農曆的正月初一，大臣們齊聚龍殿給皇帝拜年，歲朝——一元復始，萬事即將欣欣向榮，君臣共祝一歲吉慶平安、國泰民安。此時，在案堂上，擺滿寓意吉祥慶豐年的物品，掛上新作的吉祥畫，誠心迎接新的一年。

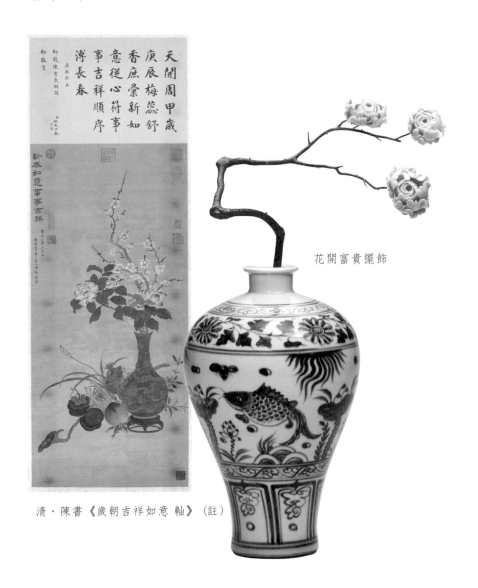

花開富貴擺飾

清·陳書《歲朝吉祥如意軸》（註）

柿柿如意擺飾

　　自宋元後，「清供圖」是歲末年初畫家們的應景題材：宋徽宗（1100～1126年）每逢春節，命宮廷畫師，描繪冬季看不到花卉禽鳥，陳列宮中，以增添歲朝的喜慶氣氛。清光緒乙未冬，蘇州怡園畫社九位同志共同創作一幅「歲朝圖」，由吳昌碩（1844年生）題書。吳昌碩乃文人畫家，每年必畫歲朝清供圖，作品流傳至今，收藏價值極高。齊白石、任伯年等人也都有許多歲朝清供圖流傳於世。

　　「歲朝清供」的畫作內容比較多的是吉祥的花卉、瓜果：每一個畫作元素皆有吉祥祈福的寓意：石榴是多子多孫多福氣、蠟梅是五福臨門、牡丹象徵富貴滿盈、柿子讓人事事如意、佛手柑取「佛」的諧音，寓意多福、桃子祝壽多壽福、山茶花、水仙、天竺、靈芝、百果……等皆入畫；中國式的生活雅趣，到了現代依然是既詩情又愜意！

「歲朝清供」除了畫作之外，古人也將其概念植入雅玩古物中，將古器物、珠寶、玉石、陶器、銅器等妝點起來，做成一盆盆饒富古意的吉祥如意盆景，真可謂雅俗共賞的「四時春色不凋零」、「富貴長春年年餘」、「天地共好日日春」。

　　現代人物質生活不虞匱乏，人人希望心靈充實飽滿，寓意吉祥美好的清供圖或是擺設，營造吉祥生活美學、深具文化內涵的環境，人人應有之。不一定只是為歲朝，日日月月年年都祝禱吉祥，萬事順遂。

國色天香擺飾

迎春接喜擺飾

穿越時空看敦煌

　　敦煌文化莫高窟，被譽為東方的羅浮宮。始建於五胡十六國的前秦（西元366年），歷經多朝，至元朝末期停止更建，漸被遺忘；在清光緒26年（1900年）重新受矚目，俗稱千佛洞。是世界上規模最大的石窟藝術，內容最豐富的佛教聖地，一個極具東方色彩、典藏豐富的藝術聖地。

　　敦煌文化莫高窟時間貫穿千餘年，1987年列入世界文化遺產，以精美的壁畫、彩塑、建築三位一體的藝術聞名於世，訴說著千年文化、生活百態、佛教故事、因緣故事、社會風俗等等，是一部活生生的美術歷史。也是一幅縮影的中國繪畫史。

敦煌文化亮點——壁畫

　　敦煌文化莫高窟，壁畫是世界藝術最大亮點、數量也最多；規模宏大的莫高窟壁畫，不僅包含了中國古代、印度、西域的傳說文化，更因其畫風歷經十六國、北朝、隋、唐、五代、西夏、元與形塑地域的廣度和歷史的長度，展現豐富的藝術典藏，內容含蓋佛相、佛教故事、佛教歷史、經變、神怪、供養人（即功德主的肖像）、裝飾圖案等題材，還展現當時狩獵、耕作、紡織、交通、戰爭、建設、舞蹈、婚喪嫁娶等生活面向，壁畫之博大精深，更博得「牆壁上博物館」的美譽。此外還有四千餘身的飛天，飛天是敦煌壁畫的瑰寶。

敦煌印象胸針擺飾兩用

敦煌壁畫的瑰寶——飛天

　　在敦煌莫高窟藏有各朝代壁畫和彩塑的492窟中，幾乎窟窟有飛天，壁畫中的飛天，都有華麗服飾、飄逸的彩帶、優美曼妙的舞姿、身體語言豐富、神韻生動。

　　例如321窟的獻花飛天，飛天在徐徐下降飛翔中獻花，迦陵頻伽奏樂助興，天花在流雲間漂浮，長裙彩衫在藍天飄逸飛舞，更顯靈動活潑。

絲路華采擺飾

飛天起舞 仙樂飄飄處處聞

　　飛天是佛教傳說中的天人，是佛教中天帝司樂之神，常在佛說法時飛舞空中，奏出美妙的音樂、灑下美麗的鮮花；飛天就是西方極樂世界中音樂、舞蹈之神，又因其散發香氣，亦稱香音神。

　　飛天感覺是從天宮徐徐而降，衣群彩帶隨風飄逸、天空中的流雲花朵為襯底，伴隨著優美的音樂，無一不營造出一種如夢似幻的神奇意境。同時也反映人們對極樂世界的嚮往。

天女獻花胸針

敦煌舞影胸針

天界之歌胸針

　　按佛經記載，飛天的職能有三：一是禮拜供奉；二是敬花施香；三是歌舞伎樂。

　　在敦煌文化莫高窟中，可以看到飛天主題都圍繞在獻花、敬花、散花，也有許多伎樂飛天、捧珠飛天、佛寶蓋、觀無量壽經飛天；概都不離上述三種主題，表現佛國天堂的美好，歡樂飄飄的極樂世界；也同時呈現當時朝代的社會樣貌，如盛唐時期的飛天壁畫表情歡樂，晚唐安史之亂後的飛天壁畫則面容較為平靜莊重、略帶慈悲哀思。

　　由於飛天壁畫，表現手法極具藝術性，構圖線條美、體態美、表情莊重祥和、瓔珞飄逸的莊嚴動感，世代相傳，為人所喜愛，已經超脫出原來的佛教意涵，而成為一種祥瑞的象徵。

陸、真情・珍情

游於藝

文__ 趙翠慧

驀然回首，那人卻在「朱的寶飾」

　　旅居國外多年，因著善緣，回到臺灣，定居天母，經常優遊於中山北路、天母的異國風情，也享受那慢活的恬靜與怡然。

　　午後，我閒散地踏在斜坡路上，道旁兩側高大的路樹，金黃色枝條在陽光下搖曳，炫目耀眼，急著想躲避刺眼的那道斜陽。眼前一家貌不驚人的藝術品店吸引我駐足，跨入門檻，卻別有天地，從那時起，我的腳步再也離不開。

　　藝廊小店內一位笑容靦腆，不善言辭，夾雜著著幾分臺灣國語的女人，眼神閃耀，熱情洋溢，娓娓細說著每件作品的故事，一種可以與古文明交心流通的故事。

　　也許是自己旅居國外多年，久違了這種「文化珠寶」，讓我愛不釋手。這種把「文化」玩成藝術的那份深情、感受，深深悸動著我的心，它是個「寶」，更是個「寶藏」，以生命相煉，創意相生的「朱」寶。

　　因此，「朱的寶飾」芳朱走進了我的生活。

築夢，需要歲月和智慧

　　芳朱最初的夢是編結，各式大小形狀不一的珠子、綴玉、串

結骨董，拈結成飾，琥珀、古玉、琉璃、蜜蠟、珊瑚、碧璽等，經過她的巧思創意，脫離了雍容華貴，增添了人文氣息，給時尚界留下一抹驚豔；原來，珠光寶氣也可以含蓄樸拙，古舊的老件背後有這樣精采的光華。

至今，許多人都知道，要找中國風首飾就找「朱的寶飾」；要訂製獨一無二的高品味藝術飾品或收藏，芳朱都能感受你的想像，成全你的感覺。

不由自主的喜歡上她

「自己送上門」的我跟芳朱認識逾二十年；她似乎會施蠱似的，最初在福林橋邊的三坪工作室，我每周準時的去報到，看她玩不設限的遊戲、看著她在古文物珠寶之間游移探索、看著她跳脫窠臼、創立屬於自己的新潮古典，在成就之餘，玩得很開心，美得很會心。

她喜歡做有吉祥寓意的飾品；如意形狀的珊瑚胸針，希望配戴者諸事如意，扇墜是因為扇有善意、善良、散子，葉飾是要人守業有成、葫蘆墜飾是要人福祿雙全，她做可愛的螃蟹，希望給人和諧又橫發，她做小蟲子召喚環保心。

充滿驚喜的藝術空間

芳朱的另類思考亦讓我佩服，珠寶除了能佩戴，居然還能變成畫。在她的藝術空間，牆壁上的作品常讓我驚嘆聲連連；她曾經運用一只收藏許久的琉璃小瓶，然後將珊瑚雕成花再配以K金的枝

幹，就成了美麗的畫作，看上去像是可以放在牆上的小畫般，拿下來可以當別針。這可不是一般人想得出來的吧！

　　案桌上也不再是文具的專屬空間，一盆珊瑚巧雕、一盆君子蘭玉雕，看著看著，心沉澱下來，思緒回到宇宙的原始。

《論語》：「志於道，據於德，依於仁，游於藝。」

　　這是孔子的思想哲理，也是我人生的座右銘，對於「游於藝」，我特別有感：人在有志向、道德、愛心之餘，接著是尋求內心的豐盈，培養人文素養，充實精神層面，一切一切最終都是為了培養對生命的關懷，關愛生命才能愛己愛人，這也是我近年公開場合演講時，秉持的理念。

　　芳朱的「朱的寶飾」藝術空間為我注入文化藝術素養的養分，她保有一顆單純的童心，一份愛文學的浪漫情懷，她的設計中注入了文化、童稚、美感、詩情，首飾設計有了想像空間，更有中國生命的人情義理，把吉祥祝福殷殷相送，因而，在人文思潮上讓珠寶有了活靈靈的生命。

凝眸處、從此又添一段佳話

文＿最具古典氣質的女企業家 郭元瑾

相遇

　　現代詩人席慕蓉曾有經典的一句：「前世的五百次回眸，換得今生的一次擦肩而過。」如果真是這樣，那我跟芳朱的相遇相識，可能是因為前世五千次回眸吧，我們不是擦肩而過，而且相惜相知。家族公司忠興織造廠股份有限公司成立於1959年，我在旅美多年後，2005年回臺接掌，歷經15年的整頓革新，華麗轉身，現在，產品Universal Webbing Products 成為歐美名牌包設計師的指定合作對象。在工作之餘，以古典音樂、文學、藝術欣賞為伴，藉此調適身、心、靈，沁浸在古典藝術文化的大海中怡然自得。

　　一天下午，參觀故宮的精采典藏後，信步來到地下一樓的故宮商店區，赫然驚覺，故宮有珠寶專櫃？有一個老靈魂的我欣喜若狂，居然是我喜愛的中國元素的珠寶！駐足良久，心中不免有疑惑，是怎樣的設計師？件件中國元素、處處巧思、寓意美好，精采得令人目不暇給，當下想：希望能認識這位設計師。

相識

　　每一個偶然都是絕對的必然，所有的發生都是最好冥冥中的注定。終於，我來到了「朱的寶飾」藝術中心，見到了芳朱。外表雍容華貴、爽朗的笑容，言談間處處深藏文化藝術底蘊，在此，我見到許多獨特的創意作品，完全跳脫傳統珠寶設計，就如同芳朱說的「玩一種不設限的遊戲」。其中一件壁飾特別吸引我：鼻煙壺上面插了一枝珊瑚巧雕的牡丹花，寓意永不凋謝的富貴，是博鰲論壇的贈品；牡丹畫布的樹梢上，有五隻極致米粒珠工藝的蝴蝶，象徵著五福臨門，是擺件，蝴蝶可以取下來當胸針，創意獨特有神來一筆的感覺；另有多盆時令清供，寓意花開富貴、事事如意、國色天香等，也都很吸睛。

相惜

　　人生短暫，放下捨得，就能與人、事、物，有所交集，擦出火花留下彩色回憶，當我們把歡喜分享給他人，就能得到更多歡喜。我們生活在分享的社會，我始終是「分享」的超級粉絲。我驚艷芳朱的作品，立即分享給我的姊妹淘們，便請芳朱設計製作了十二件和闐玉的如意，成為我們的十二金釵定情如意墜，看到姊妹淘們戴上後的喜悅之情，芳朱和我的快樂非筆墨能形容。我常帶著芳朱的目錄小冊子，逢人就送，並且仔細解說每件創意的源意，歡喜心的分享，初識者，以為我是作品的設計者林芳朱，其實我是真心喜歡，文化珠寶寓意所帶來的靈動，讓我內心既愉悅又充實，我會繼續分享芳朱的文化珠寶，讓中國文化藉此傳承下去。

另類的慈悲喜捨

俗話說：「慈悲沒有敵人，智慧不起煩惱」。除了熱情分享之外，我的第二個人生格言，就是「另類的慈悲喜捨」。作為一個企業經營者，我秉持父母的傳承，取之社會回饋鄉里的理念，一直默默的支持和收藏各類本土藝術家的作品，無形中也鼓勵他們創作的力量，這就是我常說的另類的慈悲喜捨。

世界各地一有災情，臺灣民間的慈善團體，出錢出力，感動世人；這畫面在我腦中縈繞，因此我給自己許下「另類慈悲喜捨」志願，因對文化藝術的愛好，想為本土文化藝術盡棉薄之力；我創立了「臺中市文化創意產業發展協會」，藉此平臺推動本土的創作藝術，活耀作品的流通，包括，陶藝、茶藝、雕塑、繪畫、珠寶創作等等，當然芳朱的文化珠寶是重點的重點，我喜歡本土文化藝術，更愛這些孜孜不倦的本土創作藝術家們。

人生重要的，不是你所站的位置，亦非你擁有多少，而是你曾經的付出；日後，我仍會在我所選擇的方向努力，繼續推廣本土文化創作，當然也會持續推動文化珠寶的傳承，期待更多人加入另類慈悲喜捨的行列。冀望，各類文化藝術創作工作者，在自己的領域中創造屬於自己的輝煌。

驚豔

文__知名作家、詩人、畫家　席慕蓉

　　既然生而為群體的一分子，我們的思想與判斷力，從小就不得不受到種種教育上的暗示與限制。養成了習慣以後，即使是在「藝術」這個應該是無限自由的天地裡，依舊會充滿了許多有形和無形的框子。

　　這些框子幾乎無處不在，常常會自動出現，自告奮勇來替我們將經驗整理、分類，不但嚴重影響了我們的思想格局，更會誤導了我們原有天生自然的對於「美」的價值判斷。

　　譬如，我們習慣上總是將「藝術品」定位在繪畫或者雕塑等等的作品之間，而在生活中非常貼近我們的小小物件，最多只能算作是「工藝」或者「器物」，如果再牽連到寶石和絲線，就只能稱它是「裝飾品」了。

　　因此，處身在這些有形和無形的框子間，我想要說服林芳朱女士，讓她相信她所設計編織而成的項鍊佩飾是真正的「藝術品」，就變成是有點困難的事了。

　　首先她非常謙虛，只敢承認一切都因為興趣，一切都只是機

緣；又說自己不是專攻藝術的專業出身，都是因為有丈夫的引導；同時也說開設了「朱的寶飾」，只能算作是自己與白玉、蜜蠟、琥珀以及種種寶石間的一場從不設限的遊戲。

然而，這些都正是一位藝術家最優良的特質一從興趣出發，不受專業教育的限制，自由自在的處理材質，才可能充分發揮自身那豐沛而又獨特的才情罷。

我與芳朱結識於二十年前，當時她出書《瓔珞珠璣》請我寫序，在這之前素不相識，然而從進入「朱的寶飾」店門那一瞬間之後，對她的作品，真是充滿了「驚豔」的感覺。

是何等敏銳的色感！是何等細緻的心思！是何等創新的結構！而這一切，又是何等的自然天成！

這位藝術家擁有一雙與眾不同的慧眼，能夠看到那深藏在許多不同材質之中的呼應與關聯，才能設計出我們想像不到的搭配。一如超現實主義所讚嘆的那樣一在出人意表的邂逅裡，得到前所未有的狂喜。

芳朱也許真的不能自覺，她所擁有的是多麼豐厚的天賦。因為，她並不知道，她所看到的，眾人並不能預先看到。

但是，等她把這些藝衛品展示在眾人眼前之時，我們都會完全同意，只有這樣設計，才能凸顯出那材質特有的美感。

「朱的寶飾」近三十年累積的創作品，光只是觀賞那慧心巧思，就會得到很大的安慰。那玉石，那琥珀，從漢朝到明朝到今日，都是女子心上與手中的的依戀，而透過她的設計，彷彿重新給了它們生命，更讓人不捨，更令人敬重。

很樂意為這本書寫幾句話，更希望芳朱能夠跳脫這個社會既定的眾多限制，成為一位更自由更有自信的創作者！祝福！

一奩趣寶滿匣詩

文＿知名女作家、新華日報原外宣部主任　戴仲燕

一晃十年了。

2009年金秋，南京首屆臺灣名品展在建成不久的國際博覽中心開幕。

幾個大型展廳琳琅滿目。吸引我久久駐足的，是清宮三希堂名畫仿製藝術品的展示。2006年夏天我公務去臺灣，在臺北故宮博物院看到過這些畫作。現在它們被用日本的高仿技術製作出來，而且可以作為藝術品出售，真讓我心生波瀾。（數年後機緣巧合，我當真在上海將日本大風堂的這幾幅畫作請回了家中。）

那天移步換景，猝不及防的，就看到了隔壁珠寶展櫃一方乾隆「宜子孫」的帝印項鍊。剛剛看到的清宮寶藏上可不就是鈐蓋著「宜子孫」麼？眼前它由紅色珊瑚米珠作地，由白金和鑽石造型陽呈「宜子孫」。古樸、端莊、華麗、現代，看得人走不動路啦！

我閃身到了櫃檯前。就此遇上了店主人——臺灣故宮文化珠寶創意設計師林芳朱女士，並開始了我們整整十年的文創交流和親密交往。

2018年夏，女兒在英國倫敦結婚。我特意戴上「宜子孫」參加婚禮。珍愛這好彩頭，好意向，好故事，好心情。

面對這個嬌俏溫婉典雅親切的女士，我從一開始就叫她「朱朱」。

朱朱的作品文氣沛然，造型別致。用材新舊融合，品質奢華內斂。很多中華元素的運用讓我們耳目一新。就拿這款金花玉佩來說，銀鎏金的花朵是她收藏的老物件。後被鑲上粉紅碧璽，配以雙鳳白玉，整件作品就顯得很獨特耐看。

從小就一直熱愛珠寶設計。她致力要將博物館中中華文化博大精深的元素與時代時尚相結合，讓靜止陳列的文化瑰寶，化身文化珠寶行走於世界。受到她經歷學識、創意志向、技術技巧的激勵，我很快寫了一篇人物報導《臺灣朱寶》發表在新華日報上。真是太想讓大家認識這個文化創新的奇女子了。

金花雙鳳這款飾品在我55歲那年閃亮登場，微信朋友圈裡大獲讚揚。人生初老心不老，花退殘紅雙鳳驕。

近十年來臺灣的文創產品在大陸深受好評，我朋友圈的姊妹們也愈來愈多的人喜歡林芳朱的作品。2011年，我們幾個姊妹組團赴臺灣旅遊，朱朱的公司當然是必到之地啦。朋友們各得其寶，盡興而歸。

此後，林芳朱女士每年都會將她新作資訊發布給我，我也快樂的目睹了她的很多創意和熱銷產品。歡欣鼓舞的在朋友圈分享。

我日常生活中很多重要的場合，「朱的寶飾」是其中重要的妝點。

媽媽80大壽上戴的項鍊。這是一款舊物，寶石背後有一銀質「壽」字。可惜有墜無鏈，墜有缺損。求助朱朱，煥然一新是也。

寶葫蘆，小而金。

喜上眉梢玉如意。我更願相信這是一枚舊簪改制而成。歲

月，讓人感慨良多。我喜歡想像其間的故事。

你看，戴著它，在西班牙皇宮前，中西合璧，挺好。

這枚翡翠碧璽雙如意胸針（掛件）我情有獨鍾。從飾品選材、造型設計、製作工藝，都飽含了朱朱夫婦的深情厚意。紅綠兩種寶石，工寫兩樣造型，別掛兩個用處，如意兩處疊加，種種讓我愛不釋手。

戴上它，可以說我和臺灣故宮珠寶設計師的故事；擺放它，可以說兩岸互動太平有象雙如意的願景。

2013年春節過後，再次去臺灣。再訪朱朱，深結情緣。

2018年的賀年封。一見之下，就看到了郎世寧筆下的名犬靈緹。寶犬賀春，朋友圈裡再推廣。

蕙質蘭心，創意無限，中西遊走，名聲裕旺。

沾身喜氣過大年！敲黑板，注意咯，我項下這款珊瑚鳳凰別針可是朱朱早期代表作，也是她公司的LOGO呢。

猶記2011年在臺北「朱的寶飾」公司，見到了這枚珠寶實體化的Logo。當下被它的古樸造型和珍貴材質吸引。以為這是設計師根據哪個古代的圖樣翻制而來，不料朱朱卻說，這完全是她對中華古典文化的個人理解，是她深思熟慮的獨特創意。

說不出的，就是喜歡愛它們的源遠流長，愛它們的詩情畫意，還有，愛那分宜古宜今。

在我60歲生日的慶典上，我讓這枚可愛的鳳凰飛到了頭上。從此，我告別職場，開始人生新篇章。從此，要學這鳳凰樣，有情有趣廣徜徉。

多謝了朱朱，謝謝你讓我結緣這麼多趣寶！謝謝你讓我擁有這麼多歡暢！

芳朱的樣子

文＿高級編輯 伊樂（2019 年 7 月 29 日於北京）

　　昨夜電閃雷鳴，我在北京，芳朱在臺北，又到了颱風肆虐寶島的夏天。

　　我是在 2002 年一個颱風天認識芳朱的。那是我第一次駐點臺灣，住臺北福華。當年出臺北採訪要向「新聞局」詳細報備，加之人生地不熟，颱風天就只好乖乖呆在酒店不出門了。福華有商場，可那是五星級酒店商場，我吃完飯，權且逛逛當作飯後散步。就是那一天碰巧芳朱在那裡，跟她的首飾在那裡。我被她設計的一個桃紅碧璽掛墜所吸引，芳朱說：「我拿出來給你看！」我連連擺手，「不用了。」芳朱說：「沒關係。」她瞬間把吊墜拿了出來。我驚歎：「原來彌勒佛像也能設計得這麼雅致！」在此之前，我的確沒見過把佛像設計得如此高雅唯美。我見到的大多是在旅遊點充滿世俗煙火氣的佛像，完全沒有審美意涵。

　　芳朱約我到她位於仁愛路的店裡一坐。我去了，「朱的寶飾」那樣唯美的首飾店我還是第一次見到，朱漆大門，用黑色把手點綴，分明是現代符號；而店裡黑色的大鳥籠裡展示的芳朱的作品又無一不透露出中國古典的唐風宋韻。

芳朱說起臺北故宮博物院裡的寶貝，如數家珍，那是她靈感的源頭。

　　我與芳朱的友誼從那一天開始直到今天已經有十七年之久，十七年來兩岸關係起起伏伏，而我們的友誼卻絲毫沒有消減，用佛教的說法，我們一定「前世有緣」，用時髦的話語來表述就是「兩岸一家親」，說的大概就是我和芳朱這個樣子啊！

　　2002年後，芳朱每到北京必與我聯繫，我們一起吃飯逛街，聊首飾和生活。我開始寫博客，芳朱儘管不大上網，但也關注了我的博客。2007年的一天，芳朱打電話問我是不是有什麼不開心的事，那時候我正經歷人生的第一次失眠，這一次失眠的時間有點長，一個月，我幾乎崩潰。芳朱察覺了，她給我寄來了一本書，關於如何順利度過更年期的書。收到書，我好想落淚。

　　2008年汶川地震後，我再度赴臺駐點，見到芳朱，我問芳朱為什麼很久沒有她的消息。芳朱說她病了一場，臺北仁愛路的店已經不在了，現在只有一個工作室在家附近。那些年，臺灣經濟不景氣，公司運營很艱難。芳朱的神情讓我心疼。爾後，開放大陸居民到臺灣旅遊，我作為大陸中央人民廣播電臺駐點記者，在桃園機場見證了首批大陸觀光團的到來，忙碌的採訪之後，我與芳朱相約在她的工作室相見。一見面，芳朱就興奮的告訴我，她的作品在臺北故宮博物院因為顧客未能以銀聯卡消費購買，上了蘋果日報頭條，引發社會關注，遂促成當局加速開放銀聯卡購物。那天我看著芳朱開心的樣子由衷感到欣慰：那個開朗愛笑的芳朱又回來了啊！

　　我很榮幸見證了芳朱許多創作的喜悅。比方說芳朱的作品

「宜子孫」，我第一次看見「宜子孫」吊墜時，不禁大聲為芳朱的巧思叫好。「宜子孫」是乾隆收藏藝術品所用的印章，本身就有傳承之意。芳朱用米粒紅珊瑚馬克鑲作朱紅底，用鑽石抓鑲「宜子孫」三個字。首創將印文轉化為時尚珠寶的設計，將中國古典文字之美用珠寶的形式呈現於世人。如今，「宜子孫」作為時尚珠寶，深受兩岸愛美之人喜愛，意義之深遠已經超越了鈐印本身。難怪收藏者要趨之若鶩。

同期，芳朱還有一個作品「花好月圓」，我決定買這一件，芳朱開心的說：「你好有眼光！」作品上圓璧、牡丹，象徵財富、幸福、圓滿，將文化意涵注入珠寶，是芳朱的吉祥系列作品。

2008年芳朱成為臺北故宮第一位品牌授權的珠寶設計師，她提出了「國寶戴上身」的「文化珠寶」理念，其實她的創作從一開始就一直在實踐這個理念。從1995年的作品「戰國琉璃珠」，到2009年的「宜子孫」，都是「把文物戴在身上」的「文化珠寶」。

好朋友的境界有很多種，我想我與芳朱應該是惺惺相惜互相成就如同閨蜜的那種。我曾經應邀在《私家歷史》叢書上開設專欄「古物重光」，第一篇就寫了芳朱的作品《戰國琉璃珠》。我的書《行走臺灣》專門有寫芳朱的一篇，此外，我還在網上寫了好幾篇關於芳朱的文章。曾經中央電視臺要拍攝芳朱的專題片，也在網上搜集這些文章作為參考。前不久，芳朱在頭條上開了個頭條號，頭條號連結我所寫的有關芳朱的文章及作品，她像個孩子一樣興奮的說：「網路真是神奇！」

前不久，她透過微信約我為她的新書寫篇文章，我應允了。藝術家的品味與才華從其作品中可窺全部，而藝術家的品格與心性還得看她生活中的樣子。為此，我將此篇命名為《芳朱的樣子》。

芳朱所創立的品牌名：「朱的寶飾」，LOGO是一隻朱雀。朱雀是傳說中的神鳥，《楚辭》中有「飛朱鳥使先驅兮，駕太一之象輿」一句，在《楚辭補注》中有「言己吸天元氣得道真，即朱雀神鳥為我先導」，說的是朱雀能助人成仙，這又賦予了朱雀神祕的色彩。還有人說，朱雀是鳳凰的一種，鳳凰也是古人創造的神鳥。有一點可以肯定，歷史系畢業的芳朱選取神鳥朱雀作LOGO，是看中了朱雀神祕吉祥的意象，這也讓她的作品充滿了連結古今深層文化的魅力。

結藝中國藝術，思念人文美好

文＿北京收藏家　李慧

　　去年秋天的一天下午，我收到一條芳朱發來的短信，說幾天後要來北京參加一個活動，問我願不願意參加？這之前我已經有好幾年沒見過芳朱了。

　　幾天後的傍晚，我到了活動現場，才知道參展來自世界，都是與中國傳統文化與工藝相關的。

　　芳朱把我引進展區，坐了下來，看著魚貫而入的人們，我自言自語道：「芳朱，真不錯呀，有這麼多人來參加活動。」

　　「是呀。想想我們認識都20年了，現在與以前好像是有點不一樣了。」芳朱的先生聽後應和道。

　　「我們已經認識了20年」這句話像是電擊一樣擊中了我。我想了想，可不是嗎，我與芳朱確實是交往了20年了。

　　我和芳朱的相識始於二十多年前我為找純絲的結藝線。

　　印象上那是在1998年，那時我除了工作以外，最著迷的事情就是中國結了，做手工是我可以從工作和生活壓力中解脫出來的最有效的途徑。每個週末下午，我都會走去離家不遠的赤柱的一家小店，看店主賣的有盤鈕的旅遊品，我想跟著店主學中國結。去了幾

次以後，我隱隱約約的感覺在香港銅鑼灣的商務印書館應該能買到有關中國結的書。在那裡，我找到陳夏生老師的三卷版《中國結》，從商務印書館那兒我又打聽到香港有一個專門經營與傳統文化和藝術相關的書店。當我利用午飯時間在香港中環的一個老樓裡找到「大有書店」的時候，我至今還記得當我看到草紙的《手打中國結》時激動的心情。

在家放產假的時候，只要一有空，我就看《手打中國結》，書裡有一個章節提到把中國結做得古典又現代的「朱的寶飾」。我看到這句話以後異常激動，也不記得是用什麼找到了「朱的寶飾」的電話，我打電話過去的時候，接電話的女生客氣的說老闆正好在。就這樣，我在電話裡認識的芳朱。

一年多以後，我正好要去臺北參加一個會議，趁著會議的空隙，我叫上車，直奔仁愛路二段找到了「朱的寶飾」。我現在還清清楚楚的，記得當我看到「朱的寶飾」用結藝演繹的老鎖和其他老件給我所帶來的震撼。離開的時候，芳朱送了一本《瓔珞珠璣》讓我帶上。

從那以後，芳朱到香港或是上海參展，我都會想盡辦法在開展前先與芳朱見一面，芳朱總是有讓我驚喜萬分的作品，百看不厭。

芳朱有一對慧眼，能將「物」裡的最能體現內涵的「質」地透過她獨到的顏色和材料烘托並充分表現出來的本事；我更驚訝芳朱對色彩的掌控和再創造能力，她能將我們熟悉的中國歷代代表性的顏色完美和諧的排放在一起，讓人在感到驚訝的同時又覺得親切熟悉，很多次，我看到芳朱的首飾，我都會有一種像是見到了在記

憶中美好而又形象模糊的朋友的感覺。

芳朱和她的「朋友」就這樣陪伴了我二十年，她們是陪伴了我二十年的朋友們。

能遇到芳朱和芳朱帶給我的「朋友」們是有歷史意義的一件事。我以為芳朱不只是一名文化珠寶設計師，她更是一名深諳吾民吾土的審美情趣，又能將具有吾民吾土的審美的意識與現代社會連上的美的藝術歷史家。若干年後，當我們也成為歷史長河的一部分，回望當代人對吾民的藝術與美學的傳承的所為時，我想芳朱會是這「傳」與「承」的一分子。

我可以想像芳朱在三十年前就承擔起這角色時的艱辛。那時的中國在世界舞臺上的角色並不鮮明，人們似乎總是把中國及與中國相關的，看作是二等品或是更低等，能將自己從大的環境中抽離出來，不顧別人的冷眼，在角落不斷的耕耘，種出一朵又一朵的「鮮花」，三十年不懈才有了今天。

我恰巧也是在相對孤立的氛圍中長大，卻始終不認為我們比別人差。尋找能與我產生共鳴的東西成了我九十年代初離開中國後的精神支柱。

芳朱是這樣一位在她搭建的舞臺上為思念我們的過去，為期盼一個人文美好的未來提供精神療愈的使者。感謝芳朱為我帶來的一切讓我想到過去，想到中國，就想到她那現代有古典的重新再現的老件。

柒、結語

結 語

　　這是什麼樣的年代？是最美的年代！是智能的時代！網際網路無線連結、卻也無限疏離；在這樣的時代，同時也激發人陷入深層的思考：表象的科技具體但沒有國度；人們漸放緩腳步去發掘並欣賞時代的文化底蘊。

　　從品牌成立之初始，我始終堅持創意必須融合藝術與文化，在長時間與消費者接觸溝通的過程中發現，這個時代大家都積極的回尋自身文化的根，所以在欣賞我的文化珠寶作品的美感和工藝的同時，延伸探討和追尋那些耐人尋味的歷史篇章。

　　從傳統中創新是設計師一致的目標，但那並不是幾個表象符號或圖騰就能表現的，更多時候必須融入一些文化內涵和傳統中的精髓，才能展現時代的容顏，留下歷史的印記。

　　東方獨有的老莊哲學，《易經》中強調的「陰陽消長，循環不息」，將傳統菁　華透過創意，簡易的線條和工藝製作，無縫交融，如此的「新舊交替」、「傳統與創新同時並存」，也就是東方哲學的最高境界。

　　我永遠不厭倦的發掘，隱藏在歷史文化中的繾綣美善。如果

青絲不老點翠胸針鍊墜兩用

說我的作品能得到高度美評,那深藏在千年古物世界裡的繆思女神,才是幕後傑出的導演。

我的每一件作品直接反映出時代背景,卻又看到東方千年文化的傳承;因著豐富的環宇訊息,然後交合展現在我的作品中。所以也有許多人認為我的作品具有強烈的生命意識,表現出敢於勇往直前的大膽創作,同時又擁有著西方的高度後現代主義的實驗精神,因此這近30年來,在珠寶創作領域中,創造了珠寶設計的無限可能。

我自許自己的作品是一個「靈活的生命體」,它是會跟人互動的,能夠讓人感受到文化品味、幸福、吉祥。

因此,我的每一件作品都是一篇篇的歷史故事,一個值得收藏的珍品。陪同佩戴的人訴說著作品背後的文化歷史美麗故事。這也是我創作的重要使命,希望這個使命能永續、文化歷史的美麗故事能長存。

歷歷朱跡

2018　受邀巴黎羅浮宮裝置藝術博物館展

義大利卡薩雷斯博物館展覽

Exhibition at Musee des Arts Decoratifs, France & Casa dei Carraresi, Italy

2017　受邀擔任文化部審查委員

Elected as member of Ministry of Culture Review Committee

2016　受邀赴香港展出作品

Solo exhibition in Hong Kong

2015　林芳朱創辦人受邀擔任中華兩岸經營者俱樂部 — 兩岸藝術文物委員會執行主席

Elected as Executive Chairman of the Cross-strait Art Relics Committee

2014　赴日本參加東京博物館「神品至寶展」

Exhibited at Tokyo National Museum

2012　5月於中國保利美術館春拍，拍出前10名佳績

受邀於臺北故宮「皇家風尚—清代宮廷與西方貴族珠寶」特展，專區展售

北京保利春拍 / 北京瀚海春拍

Joined Poly spring auction and attended the exhibition" Royal Trend：Qing Dynasty and Western Court Jewelry" at the Taipei Palace Museum

Joined Beijing Poly International Spring Auction and the Beijing Hanhai Spring Auction

2011　博鰲亞洲論壇贈禮出自「朱的寶飾」

朱的寶飾被納入文創教科書

Works of Chullery given as gifts at the Boao Forum For

Asia

Designs of Chullery listed in the college textbook

2009 臺北故宮作品宜子孫推動開放銀聯卡，文創魅力推動開發銀聯卡商機

Works of Chullery catalyzed the open for China Union Pay Card in Taiwan.

2008 開始與臺北故宮博物院雙品牌合作，成為第一位品牌授權珠寶設計師，推動「博物館珠寶」理念，被譽為博物館珠寶設計師

Chullery began to cooperate with the Taipei Palace Museum.

2005 新加坡濱海藝術中心-國家藝廊珠寶設計展

Exhibited at the Esplanade in Singapore

2004 作品榮獲上海美術工藝禮品設計賽一等獎

登上中國著名嘉德春拍作品封面

Won First Prize at the Crafts and Gifts Design Competition in Shanghai

Appeared on the cover of Spring Auction Collection of the China Guardian

2000 美國舊金山亞洲藝術博物館展售

Exhibited at the Asian Art Museum in San Francisco

1998 作品登上香港蘇富比拍賣會

Jewelry auctioned at Sotheby's, Hong Kong

1997 《瓔珞珠璣：古董首飾設計藝術》專書，新書發表造成臺灣結藝風潮

Published a portfolio-Talking Ornaments and led to a new trend in design

Interviewed by Asahi Shimbun, Japan

1992 成立「朱的寶飾」 Chullery founded

作　　　者／林芳朱
編 輯 統 籌／楊君烔・楊滿
美 術 編 輯／方艾偉・張雯菁
企畫選書人／賈俊國

總　編　輯／賈俊國
副 總 編 輯／蘇士尹
編　　　輯／高懿萩
行 銷 企 畫／張莉滎・華華・蕭羽猜

發　行　人／何飛鵬
法 律 顧 問／元禾法律事務所王子文律師
出　　　版／布克文化出版事業部
　　　　　　台北市中山區民生東路二段141號8樓
　　　　　　電話：(02)2500-7008　傳真：(02)2502-7676
　　　　　　Email：sbooker.service@cite.com.tw
發　　　行／英屬蓋曼群島商家庭傳媒股份有限公司城邦分公司
　　　　　　台北市中山區民生東路二段141號2樓
　　　　　　書虫客服服務專線：(02)2500-7718；2500-7719
　　　　　　24小時傳真專線：(02)2500-1990；2500-1991
　　　　　　劃撥帳號：19863813；戶名：書虫股份有限公司
　　　　　　讀者服務信箱：service@readingclub.com.tw
香港發行所／城邦（香港）出版集團有限公司
　　　　　　香港灣仔駱克道193號東超商業中心1樓
　　　　　　電話：+852-2508-6231　　傳真：+852-2578-9337
　　　　　　Email：hkcite@biznetvigator.com
馬新發行所／城邦（馬新）出版集團 Cité (M) Sdn. Bhd.
　　　　　　41, Jalan Radin Anum, Bandar Baru Sri Petaling,
　　　　　　57000 Kuala Lumpur, Malaysia
　　　　　　電話：+603- 9057-8822　傳真：+603- 9057-6622
　　　　　　Email：cite@cite.com.my
印　　　刷／韋懋實業有限公司
初　　　版／2019年11月
售　　　價／ＮＴ1800元